산학계몽 상
筭學啓蒙 上

지은이 주세걸(朱世傑, 13C말~14C초)은 중국 원대(元代)의 수학자로서 자는 한향(漢鄕), 호는 송정(松庭)이다. 산목(算木)을 사용하는 중국의 독자적 대수(代數)인 사원술(四元術)의 대성자이다. 저서로 『산학계몽(筭學啓蒙)』, 『사원옥감(四元玉鑑)』이 있다.

옮긴이 허민은 서울대학교 수학교육과를 졸업하고 미국 코네티컷대학교에서 박사학위를 받았다. 현재 광운대학교 수학과 교수이다. 저서로 『수학자의 뒷모습』이 있고, 역서로 『영부터 무한대까지』, 『수학의 위대한 순간들』, 『수학적 경험』 등이 있다.

산학계몽 상

2009년 2월 20일 1판 1쇄 인쇄
2009년 2월 26일 1판 1쇄 발행

지은이 _ 주세걸
옮긴이 _ 허민
펴낸이 _ 박성모
펴낸곳 _ 소명출판
등록 _ 제13-522호
주소 _ 137-878 서울시 서초구 서초동 1621-18 (란빌딩 1층)
대표전화 _ (02) 585-7840
팩시밀리 _ (02) 585-7848

somyong@korea.com | www.somyong.co.kr

값 15,000원

ISBN 978-89-5626-375-5 94410
ISBN 978-89-5626-374-8 (전3권)

산학계몽 상

筭學啓蒙 上

주세걸 지음
허민 옮김

소명출판

◆ **일러두기**

1. 다음 책에 실린 『산학계몽』 1299년 발간본을 번역 대본으로 삼았다.
   靖玉樹 編勘(1994), 『中國歷代算學集成』 上, 山東 人民 出版社, 濟南.
   위 책에 있는 『산학계몽술의』와 국립중앙도서관의 원문 정보 DB에 있는 『산학계몽』 관련 5종의 자료(청구기호 : 한古朝66-18, 古718-13, 일산古718-5, 한古朝66-55, 한古朝66-2)를 활용했다.
2. 각 문(門)은 처음부터 차례로 번호 ❶, ❷, ❸, … 을 붙였다. 이에 따라 상권 첫째 문인 종횡인법문은 '상❶「종횡인법문」'과 같이 참조하거나 인용했다. 그리고 상❶「종횡인법문」의 셋째 문제에는 '**상-1-3**'과 같은 문항 번호를 부여했고, '문제 ≪상-1-3≫'과 같이 인용했다.
3. 일반적으로 다음과 같은 체제에 따라 편집했다.
   ☐(네모 박스) 안에 문항 번호(예 : **상-1-1**), 문제 번역문, 문제 원문 넣음
   답 → 답 번역문
   答曰 → 답 원문
   해법 → 풀이 번역문
   術曰 → 풀이 원문
   역자 주해 : 해법에 대한 현대적인 용어와 기호를 이용한 설명과 주석
4. 원문의 주석(작은 글씨에 두 줄로 쓴 부분)은 모두 「…」 안에 넣어 표시했으며, 번역문에서도 「…」와 같이 나타냈다.
5. 문제 또는 해법에는 원문의 이해를 돕기 위해 필요한 말을 [⋯] 안에 넣기도 했다.

역자 서문

중국의 전통 수학은 한·당 1,000년 동안에 정립되어 '십부산경(十部算經)'[1)]이라는 형태로 집대성되었다. 그 후 송·원 시대(정확히는 송·금·원 시대, 960년~1368년)에 '천원술(天元術)'로 대표되는 급속한 발전기를 맞이했다. 이때가 중국 수학의 황금 시대였는데, 그 주체는 제도권의 관인 수학자가 아니라 재야의 민간 수학자들이었다.[2)] 이 시대를 대표하는 '4대가'로 남송의 진구소(秦九韶, 1202?~1261?), 금·원의 이야(李冶, 1192~1279), 남송의 양휘(楊輝, 13세기 중반), 원의 주세걸(朱世傑, 13세기 말 14세기 초)을 꼽는다. 이 중에서도 주세걸을 최고로 생각한다.[3)]

본 『산학계몽(筭學啓蒙)』의 저자인 주세걸에 관해 알려진 것은 거의 없다. 그의 또 다른 저서인 『사원옥감(四元玉鑑)』(3권, 1303)의 서문에 막약(莫

1) '算經十書'의 본래 명칭으로, 『주비산경』, 『구장산술』, 『해도산경』, 『손자산경』, 『하후양산경』, 『장구건산경』, 『철술』, 『오조산경』, 『오경산술』, 『집고산경』 등 10가지 산학서를 말한다.

2) 김용운·김용국(1996), 『중국수학사』, 민음사, 116·191면.

3) Joseph Needham(1959), *Science and Civilisation in China* Vol.3, Cambridge Univ. Press, p.41.

若)이 쓴 다음이 전부이다.

> 연산(지금의 북경)의 송정[4] 선생은 수학자로 매우 유명하였고, 20여 년 동안 여러 곳을 돌아 다녔으며, 그에게 수학을 배우려고 사방에서 모여들어 그 수는 매일같이 늘어났다.[5]

이에 따라 주세걸은 중국 북부와 남부의 산학 학풍을 아우를 수 있었다. 특히 기하 문제를 대수적 방법으로 해결했으며, 기하학적 속박에서 벗어나게 했다.[6] 그는 고대 중국의 수학자 중에서 최초의 직업적인 수학자이며 직업적인 수학 교육자로 생각하기도 한다. 청 시대의 『속주인전(續疇人傳)』에서는 주세걸을 다음과 같이 평가했다. "송 · 원 시대의 한경(주세걸)은 진구소 및 이야와 함께 삼대가를 이룬다고 말할 수 있다. 진구소는 양수와 음수 및 제곱근 풀이에 공헌했고, 이야는 천원술에 공헌했는데 모든 업적은 과거로 이어지고 미래의 수천 세대까지 살아남을 것이다. 주세걸은 모든 것을 포괄하는데, 그는 모든 것을 신만이 이해할 수 있고 진구소와 이야의 두 학문을 능가할 정도로 발전시켰다." 서양의 과학사학자들도 주세걸을 '그의 민족 중에서, 그의 시대에서 실제로는 모든 시대에서 가장 위대한 수학자의 한 사람'이라 평하고 있다.[7]

주세걸이 1299년에 발간한 『산학계몽』의 정확한 이름은 『신편산학계몽(新編筭學啓蒙)』이다. 초판본은 조성원진(趙城元鎭)의 서문(序文)에 이어 기초적인 수학 내용을 다룬 「신편산학계몽목록(新編筭學啓蒙目錄)」이 나온다. 본문은 상 · 중 · 하 3권, 20문 259문제로 이루어져 있다. 당시 수학의 다양한 면과 내용을 거의 모두 포함하고 있으며 단순한 내용에서 복잡

---

4) 송정은 주세걸의 호(號)이며, 그의 자(字)는 한경(漢卿)이다.
5) 이상혁 저, 홍성사 역(2006), 『익산』 상편, 교우사, 21~22면.
6) 孔國平(2000), 『李冶朱世杰与金元數學』, 河北科學技術出版社, 352~355면.
7) 李儼 · 杜石然 저(1987), J.N. Crossley · A.W.-C. Lun 역, 『中國 數學 / *Chinese Mathematics – A concise history*』, Calrendon Press, pp.115~117.

한 것으로 순차적으로 진행하는 이 책은 '계몽'과 '입문'을 위한 매우 훌륭한 교과서이다.

상권 및 중권의 내용은 다른 산학서, 이를테면 원의 안지제(安止齋)의 『상명산법(詳明算法)』(1373)이나 양휘의 『양휘산법(楊輝算法)』(1274, 1275)과 같은 종류의 응용문제, 예를 들면 비례산, 학구산, 어림셈, 땅의 넓이 계산 등이다. 그러나 쉬운 문제는 설명 없이 답만을 제시하고, 심지어 『양휘산법』에 보이는 포산(布算, 산대셈)에 의한 계산마저도 생략해 버린 것은 그만큼 문제를 다루는 태도가 고급화하였음을 보여준다. 하권에는 좀더 고급스러운 수학 주제인 급수 문제를 다룬 「퇴적환원문(堆積還源門)」, 연립방정식과 관련된 문제를 다룬 「방정정부문(方程正負門)」, 천원술이 해설되어 있는 「개방석쇄문(開方釋鎖問)」이 있다.[8)]

『산학계몽』은 당시의 실제 상황과 부합되는 문제를 다루었는데, 당시 동아시아 삼국에 지대한 영향을 미쳐 새로운 역법의 채용, 과학기술의 발전, 정치적 목적을 위한 토지개혁 등의 다양한 목적 아래 필수적인 학습서로 자리잡았고, 14세기 이후에 조선과 일본에서 많은 관련 저술의 간행과 학문의 발전에 커다란 영향을 미쳤다.[9)]

『산학계몽』은 우리나라에는 고려 후기에 들어왔을 것으로 보이며, '수시력(授時曆)'의 계산과 관련해서 역산가(曆算家) 사이에서 특히 관심 있게 읽혀졌을 것으로 보인다. 실제로, 수시력에서 다루는 고차 방정식에 익숙하기 위해서는 천원술의 지식이 꼭 필요했다. 이 때문에 역산(曆算)의 연구와 관련해서 특히 이 책이 중요시 된 것으로 짐작된다. 조선에서는 세종 20년에 제정한 잡학십학(雜學十學)에 관한 교육과정 중에서 산학의 내용은 상명산(詳明算)·양휘산(楊輝算)·계몽산(啓蒙算)·오조산(五曹算)·지산(地算)의 5교과로 되어 있다. 여기서 앞의 셋은 각각 『상명산법』·『양휘산법』·

8) 김용운·김용국(1982), 『한국수학사』, 열화당, 145면.

9) 南權熙(1998), 「庚午字本 ≪新編算學啓蒙≫과 諸版本 研究」, 『書誌學研究』 제16집, 335~360면.

『산학계몽』인데, 이 산서들이 중요시된 것은 나중에 산학의 취재(取才)의 출전으로서 『경국대전(經國大典)』 속에 못 박히게 되었다는 사실에서도 짐작할 수 있다.[10]

『산학계몽』은 그 후 여러 번 복각(覆刻)되어 간직되었으며,[11] 조선의 산학에 깊은 자취를 남겼다. 조선의 중인 산학자 경선징(慶善徵)이 저술한 산학서 『묵사집산법(默思集算法)』에서는 책의 편제와 내용에서 『산학계몽』의 영향을 역력히 볼 수 있고, 1662년 임준(任濬)은 『산학계몽주해(算學啓蒙註解)』를 엮었으며, 황윤석(黃胤錫)의 『산학입문(算學入門)』과 『산학본원(算學本源)』에서는 이 책으로부터 인용한 내용을 곳곳에서 찾아볼 수 있다. 또 홍대용(洪大容)의 『주해수용(籌解需用)』 '인용서목(引用書目)'에는 이 책의 이름이 첫째로 실렸으며 근세에 와서 남병길(南秉吉)의 『산학정의(算學正義)』(1867)까지 『산학계몽』의 내용이 중심적인 위치를 차지하고 있다.

특히 일본에 미친 영향은 매우 커서 화산(和算)의 원류가 됐다. 久田玄哲의 『算學啓蒙訓點』은 1658년, 星野實宣의 『新編算學啓蒙注解』는 1672년, 建部賢弘의 『算學啓蒙諺解』[12]는 1688년에 간행되는 등 17세기 이후의 연구 성과가 많았다.[13]

중국에서는 『산학계몽』의 존재가 오랫동안 잊혀지기도 했었는데, 청의 나사림(羅士琳)은 조선에서 김시진(金始振)이 1660년에 중간(重刊)한 『산학계

---

10) 김용운 · 김용국(1982), 『한국수학사』, 열화당, 130~131면, 145~146면.

11) 특히, 성종(재위 1469~1494) 연간에 복각된 을해자본(乙亥字本, 銅活字, 강태영 소장)은 1995년 4월 3일 보물 제1217호로 지정되었다.

12) 『算學啓蒙諺解』의 원문 DB는 다음 홈페이지에서 찾아볼 수 있다.
東北大學 http://www2.library.tohoku.ac.jp/wasan/wsn-dtl.php?id=001197&cls=k
東京學藝大學 http://ir.u-gakugei.ac.jp/handle/2309/8680

13) 南權熙(1998), 「庚午字本 ≪新編算學啓蒙≫과 諸版本 硏究」, 『書誌學硏究』 제16집, 335~360면.
Mitsuo Morimoto, 2003, "A Chines Root of Japanese Traditional Mathematics-Wasan," *Science Research Reports* SRR# GS-0305.
Mitsuo Morimoto, 2003, "On the Great Commentary on the Introduction to Mathematics," *Science Research Reports* SRR# GS-0401.

몽』을 구해서 1839년에 복각(復刻)했으며 『산학계몽오식(算學啓蒙識誤)』 등과 같은 저술의 출현에 바탕이 되었다. 1884년에는 왕감(王鑒)이 초판본과 김시진의 중간본 및 다른 판본을 바탕으로 『산학계몽술의(筭學啓蒙述義)』을 썼다.

본 번역서는 다음 책에 있는 1299년 발간본을 번역 대본으로 삼았다.

靖玉樹 編勘(1994), 『中國歷代算學集成』 上, 山東人民出版社, 濟南.

이 책에 있는 『산학계몽』에 대한 설명인 「산학계몽 간술」을 번역해서 중권 부록에 실었다. 그리고 이 책에 있는 『산학계몽술의』는 『산학계몽』의 상권과 하권만을 다루고 있는데, 주요한 주석은 번역해서 해당하는 곳에 넣었다. 『산학계몽술의』 및 국립중앙도서관의 원문 DB에 있는 『산학계몽』 관련 5종의 자료를 활용해서 1299년 발간본에서 알아보기 어려운 부분을 확인했다. 그리고 『산학계몽술의』에 있는 왕감의 「산학계몽술의 자서」와 「예언」, 김시진의 「중간산학계몽서」, 완원의 머리말, 나사림의 「산학계몽 후기」도 번역해서 중권 부록에 실었다.

『산학계몽』 상의 내용

『산학계몽』 상은, 기본적인 수학 사항을 소개한 「신편 산학계몽 총괄」에 뒤이어, 모두 8문(門) 113문제로 이루어져 있다. 문제의 난이도와 계산의 복잡성을 고려해서 쉽고 간단한 문제부터 어렵고 복잡한 문제까지 계획적으로 제시하고 있다. 그 내용은 다음과 같다.

⓿ 신편 산학계몽 총괄(新編算學啓蒙總括)[14] 18항목

『산학계몽』에서 다루는 문제를 해결하는 데 필요한 기본적인 수학 사항을 나열하고 있다. 예를 들면, 곱셈 구구, 나눗셈 구구, 16으로 나눈 몫, 산대에 위한 수 표기법, 큰 수와 작은 수의 명수법, 무게 · 들이 · 길이 · 넓이의 단위 및 단위 사이의 관계, 원주율, 특수한 분수의 명칭, 양수와 음수의 합 · 차 · 곱 · 몫의 부호, 다항 방정식의 해법 등을 소개하고 있다.

❶ 종횡인법문(縱橫因法門) 8문제(八問)

한 자리 수의 곱셈(인법)으로 해결할 수 있는 문제를 다루는데, 주어진 물건 전체의 수량에 단위 수량의 값을 곱하여 물건 전체의 값을 구하고 있다.

❷ 신외가법문(身外加法門) 11문제(十一問)

곱수(승수)에서 가장 큰 자리의 수가 1인 곱셈(신외가법)으로 해결할 수 있는 문제를 다룬다. 물건의 수량에 단위 수량의 가격을 곱하여 전체의 가격을 구하거나 단위를 환산하는 문제를 다룬다.

❸ 유두승법문(留頭乘法門) 20문제(二十問)

곱수가 20 이상인 일반적인 경우의 곱셈인 유두승법으로 해결할 수 있는 문제를 다룬다.

❹ 신외감법문(身外減法門) 11문제(十一問)

신외감법, 즉 나눗수에서 가장 큰 자리의 수가 1인 나눗셈으로 해결할 수 있는 문제들을 다룬다. 돈 전체를 물건의 단위 가격으로 나누어 구매할 수 있는 물건의 개수를 구하거나 물건 전체를 일정하게 분배하거나

14) 이 「신편 신학계몽 총괄」은 목록에 나열되어 있지 않지만, 목록 바로 뒤에 나타난다. 편의를 위해 이 「총괄」과 아래의 각 문에 숫자로 번호를 붙인다.

단위를 환산하는 경우의 나눗셈 문제를 다룬다.

❺ 구귀제법문(九歸除法門) 29문제(二十九問)

나눗수(제수)가 한 자리 수인 나눗셈(구귀법)으로 해결할 수 있는 문제와 나눗수가 두 자리 이상인 나눗셈(귀제법)으로 해결할 수 있는 구매 문제, 판매 문제, 교환 문제를 등은 다룬다.

❻ 이승동제문(異乘同除門) 8문제(八問)

서양의 비례법에 대응하는 금유술 또는 이승동제의 방법을 이용해서 해결할 수 있는 구매 문제, 판매 문제, 교환 문제를 등은 다루는데, 위에서 다룬 문제보다 좀더 복잡한 형태로 곱셈과 나눗셈이 모두 필요하다.

❼ 고무해세문(庫務解稅門) 11문제(十一問)

이자와 관련된 다섯 문제와 세금과 관련된 여섯 문제를 다루고 있다. 기본적으로 도량형의 단위 변환이 필요하고, 금유술 또는 이승동제를 활용하는 문제가 주를 이루고 있다. 일반적으로 '고무해세'에 나오는 문제들은 앞에서 설명한 비례법에서 주어진 세 개의 율중 하나가 단위 1인 경우이다. 이것을 『구장산술』에서는 '경률술'이라 하였다.

❽ 절변호차문(折變互差門) 15문제(十五問)

물물 교환, 두 가지 이상의 물건 또는 돈을 빚 갚기, 세 가지 물건을 정해진 비율에 따라 구매하기, 여러 가지 곡식으로 세금 내기 등의 문제를 다룬다. 또 금의 농도와 관련된 문제와 두 가지 방법으로 벼 찧기, 두 가지 배로 운반하기, 여러 사람에게 정해진 비율에 따라 물건 배분하기 등의 문제를 다룬다. 특히, 여섯째와 일곱째 문제는 '절변호차'의 방법이 그대로 적용되는 문제이다.

감사의 말씀

본 번역 연구는 전적으로 한국학술진흥재단의 지원으로 이루어졌다. 본 재단에 제출한 중간 보고서와 결과 보고서는 이름을 알 수 없는 평가 위원들이 꼼꼼하게 읽어주고 값진 조언을 해주었다. 평가 위원들의 의견을 따라 많은 내용을 수정하고 보완했다.

앞에서 말한 「산학계몽 간술」 및 『산학계몽술의』에 있는 왕감의 「산학계몽술의 자서」와 「예언」, 김시진의 「중간산학계몽서」, 완원의 머리말, 나사림의 「산학계몽 후기」의 번역은 광운대학교 국어국문학부 손병국 교수의 세심한 검토와 자문을 통해 번역했다. 그리고 이현정 선생은 본 연구에 처음부터 끝까지 소중한 결실을 거둘 수 있게 했다.

이 모든 분께 깊은 감사의 말씀을 전합니다.

2008년 6월

옮긴이

산학계몽 머리말
筭學啓蒙 序

살펴보면, 물은 하나지만 퍼지면 천류(千流) 만파(萬派)가 된다. 나무는 하나지만 퍼지면 천조(千條) 만지(萬枝)가 된다. 수(數)는 하나지만 퍼지면 천변(千變) 만화(萬化)가 된다. 노자(老子)가 말하기를, "수라는 것은 하나다. 도가 생겨남은 하나에서 나오고, 수가 이루어짐은 9에서 완성된다"고 했다

옛날에, 황제씨(黃帝氏)가 세 수를 정하시어 10등급으로 만드셨으니, 구장(九章)의 이름이 이것에서 세워졌다. 주공(周公)이 예를 제정하시고 구수(九數)로 만드시니, 구수의 한 흐름이 『구장산술(九章算術)』이다. 무릇 산(셈)은 육예(六藝)의 하나다. 주(周) 나라가 참으로 어질고 능한 자를 대우하고 국자(國子)를 가르쳤으니 이것이 구수다.

역대로 전례를 좇아 과거(算科)를 실시해서 선비를 뽑았다. 위(魏) 나라와 당(唐) 나라 사이에는 산학에 더욱 전념하여 유휘(劉徽)가 『구장산술』에 주를 달고 〈중차(重差)〉[1]를 이어서 지은 것이라든지, 이순풍(李淳風)이 '십부산경'을 풀이하고 설명하며 문제를 보충한 것은 전하고 모은 것이

정미하여 한 때 독보적이었다.

이때부터 그 후로는 과목이 없어지고 산법(筭法)도 드물게 전해졌다. 참으로 이와 같다면, 조용조(租庸調)를 헤아리는 데 어떤 방법에 기댈 것인가. 보수(步數)[2]의 자투리와 나머지는 녹아 없어진 것과 같을 것이다. 미곡의 정량과 소모량은 어떤 근거로 분석할 수 있겠는가. 이것은 중요한 곱자를 버리고서 바다를 측량하고, 산대를 버리고 하늘을 헤아리려는 것과 같다. 그 헤아릴 줄 모름을 많이 본다.

연산(燕山)의 송정(松庭) 주군(주세걸)은 『구장산술』을 충실히 공부하고 여러 가지 기술에 널리 통달했다. 매우 적어 거의 전통이 끊어진 잔여에 뜻을 내서 산서 세 권을 편찬하고, 20문으로 나누어 259문제를 만들었다. 세초에는 설명을 갖추고 그림을 실었으며 체제를 만들어 부르기를 『산학계몽』이라 했다. 조용조를 계산하고 논밭의 경계를 정하고 차고 모자람이 은밀하게 서로함이 있는 것은 정부(正負) 방정(方程) 개방(開方)의 종류일 뿐이니, 족히 고금을 관통하여 후학을 밝혀줄 수 있다. 권말에 하나의 문(門)에서 천원(天元) 1산을 세우니 책수(策數)를 두루 망라하여 빠진 것이 없다.

천지의 변통(變通)을 밝히고 음양의 소장(消長)을 설명하여, 아직 밝혀지지 않은 지혜를 끝까지 추구하고 해결되지 않은 풀이를 극진히 한다. 수를 탐구하는 데 있어 은미한 것이 이보다 나은 것이 없다. 이 책이 일단 나오면 참으로 산법의 표준이 되고 사방의 학자들이 이것을 따를 것이니 장차 발모연여[3]로 갖추어짐을 보게 될 것이다.

청조 선(選) 대덕 기해[4] 7월 기망 유양 학산 조성원진 머리말을 씀.

---

1) 나중에 독립된 책인 『해도산경(海島算經)』이 됨.
2) 밭의 넓이.
3) 한 사람의 뛰어난 사람을 발탁하면 많은 사람이 그를 뒤따름.
4) 1299년.

嘗觀水一也散則千流萬派 木一也散則千條萬枝 數一也散則千變萬化 老子曰 數者一也 道之所生 生於一 數之所成 成於九

昔者 黃帝氏定三數爲十等 九章之名立焉 周公制禮作爲九數 九數之流九章是已 夫筭乃六藝之一 周之賓賢能教國子 此九數也

歷代沿襲設科取士 魏唐間筭學尤專如 劉徽之注九章續撰重差 淳風之解十經發明補問 博綜精微一時獨步 自時厥後科目旣廢 筭法罕傳 信如是也 則計租庸調 何術可憑 步數畸殘 若爲 鎖谿 米穀正耗何由 剖析 是猶捨重句而欲測海 去寸木而欲量天 多見其不知量也

燕山松庭朱君篤學九章 旁通諸術 於寥寥絶響之餘出意 編撰筭書三卷 分二十門 立二百五十九問 細草備辭置圖 折體訓爲筭學啓蒙 其於會計租庸 田疇經界 盈朒隱互 正負方程開方之類已 足以貫通古今發明後學 卷末一門 立天元一筭 包羅策數 靡有孑遺

明天地之變通 演陰陽之消長 能窮未明之明 克盡不解之解 索數隱微莫過乎 此書一出 允爲筭法之標準 四方之學者歸焉 將見拔茅延茹以備

淸朝之選 云大德 己亥 七月 旣望 惟揚 學筭 趙城元鎭 序

산학계몽 상 _ 차례

계 세 권 합 스무 문 모두 이백쉰아홉 문제
計三卷 共二十門 凡二百五十九問

중 중권 일곱 문中卷 七門 일흔한 문제七十一問

부록

하 하권 다섯 문下卷 五門 일흔다섯 문제七十五問

부록

0

신편 산학계몽 총괄[1]

新編算學啓蒙總括

여기서는 수학의 기초적인 사항을 나열하고 있는데, 곱셈 구구, 나눗셈 구구, 16으로 나눈 몫, 산대에 위한 수 표기법(오른쪽 사진은 한양대학교 박물관에 소장되어 있는 산대이다.[2]), 큰 수와 작은 수의 이름, 무게 · 들이 · 길이 · 넓이의 단위 및 단위 사이의 관계, 원주율, 특수한 분수의 명칭, 양수와 음수의 합 · 차 · 곱 · 몫의 부호, 다항 방정식 해법 등을 소개하고 있다.

편의를 위해 이 총괄의 18항목에 ≪0-1≫부터 ≪0-18≫까지의 번호를 붙인다.

---

1) 『산학계몽술의』에서는 본 총괄의 제목을 '산학계몽총괄(算學啓蒙總括)'로 달았으며, 제목에 이어 다음과 같이 저자를 소개하고 있다.
송정 주세걸 편찬 의징 흡정 왕감학(松庭 朱世傑 編撰 儀徵 翕廷 王鑒學)

2) 『과학동아』, 2000년 3월, 105면.

0-1. 석구수법(釋九數法) : 곱셈 구구 풀이

일·일은 일(一一如一)	
이·일은 이(一二如二)[3]	이·이는 사(二二如四)
삼·일은 삼(一三如三)	삼·이는 육(二三如六)
삼·삼은 구(三三如九)	
사·일을 사(一四如四)	사·이는 팔(二四如八)
사·삼 십이(三四一十二)	사·사 십육(四四一十六)
오·일은 오(一五如五)	오·이 십(二五一十)
오·삼 십오(三五一十五)	오·사 이십(四五二十)
오·오 이십오(五五二十五)	
육·일은 육(一六如六)	육·이 십이(二六一十二)
육·삼 십팔(三六一十八)	육·사 이십사(四六二十四)
육·오 삼십(五六三十)	육·육 삼십육(六六三十六)
칠·일은 칠(一七如七)	칠·이 십사(二七一十四)
칠·삼 이십일(三七二十一)	칠·사 이십팔(四七二十八)
칠·오 삼십오(五七三十五)	칠·육 사십이(六七四十二)
칠·칠 사십구(七七四十九)	
팔·일은 팔(一八如八)	팔·이 십육(二八一十六)
팔·삼 이십사(三八二十四)	팔·사 삼십이(四八三十二)
팔·오 사십(五八四十)	팔·육 사십팔(六八四十八)
팔·칠 오십육(七八五十六)	팔·팔 육십사(八八六十四)
구·일을 구(一九如九)	구·이 십팔(二九一十八)
구·삼 이십칠(三九二十七)	구·사 삼십육(四九三十六)

3) 'AB如C'는 현대식으로 'B × A = C'와 같다.

구・오 사십오(五九四十五)　구・육 오십사(六九五十四)
구・칠 육십삼(七九六十三)　구・팔 칠십이(八九七十二)
구・구 팔십일(九九八十一)

역자 주해 1

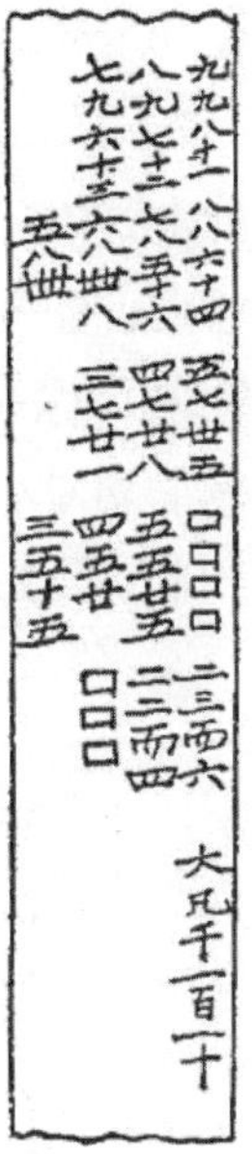

곱셈 구구를 운문의 형식으로 제시하고 있다. 원래 고대의 곱셈 구구는 9×9＝81에서 시작했다. 이에 따라 '곱셈 구구' 또는 '구구법'이라는 이름이 붙었다. 그리고 2×2＝4에서 끝난다. 한(漢)대의 죽간을 나타낸 오른쪽 그림에서 알 수 있듯이, 1~2세기까지도 이와 같았다. 곱셈 구구가 1×1＝1까지 확장된 것은 5세기와 10세기 사이로, 4~5세기에 발간된 작자미상의 산학 책 『손자산경(孫子算經)』에 이와 같은 꼴이 있다.

송(宋)대의 13세기 또는 14세기에 이 순서가 역전되어 현재와 같이 1×1＝1부터 시작해서 9×9＝81로 끝나는 곱셈 구구로 바뀌었다.[4] 예를 들면, 이 책을 포함해서 조선 시대의 법령집 『경국대전(經國大典)』에 산학 취재(取才)의 출전으로 명시되어 있는 『양휘산법(楊輝算法)』과 『상명산법(詳明算法)』에는 곱셈 구구가 모두 이와 같은 순서로 나열되어 있다.

4) 李儼・杜石然 저, J.N. Crossley・A.W.-C. Lun 역(1987), 『中國 數學 / Chinese Mathematics - A concise history, Clarendon Press』, pp.13~14.

역자 주해 2

'A減B'는 'A를 B에서 뺀다', 즉 'B-A'를 뜻한다. 이와 같이 뺌수(감수)를 빼임수(피감수) 앞에 배치한다. 또 'A除B'는 'A로 B를 나눈다', 즉 'B ÷ A'를 뜻한다. 이와 같이 나눗수(제수)를 나뉨수(피젯수) 앞에 배치한다.

이와 마찬가지로 'A加B'는 'A를 B에 더한다', 즉 'B+A'로서, 'A'가 덧수(가수)이고 'B'가 더하임수(피가수)이다. 또, 'A乘B'는 'A를 B에 곱한다', 즉 'B × A'로서, 'A'가 곱수(승수)이고 'B'가 곱하임수(피승수)이다.

그러므로 이를테면 '八九七十二'를 '구 · 팔 칠십이' 즉 '9 × 8 = 72'로 번역했다. 이에 따라 위의 곱셈 구구는 곱하임수보다 작거나 같은 곱수와의 곱셈만을 나열하고 있다. 이에 따라 현재의 곱셈 구구의 절반만 나열하고 있는데, 이는 교환 법칙을 당연한 것으로 간주하고 있음을 보여 준다. 현재의 곱셈 구구에 위의 곱셈 구구를 표시하면 아래와 같다. 1 × 1부터 화살표를 따라 가면 위에서 제시한 곱셈 구구를 얻는다.

⇓1×1=1	⇓2×1=2	⇓3×1=3	⇓4×1=4	⇓5×1=5	⇓6×1=6	⇓7×1=7	⇓8×1=8	⇓9×1=9
1×2=2	⇓2×2=4	⇓3×2=6	⇓4×2=8	⇓5×2=10	⇓6×2=12	⇓7×2=14	⇓8×2=16	⇓9×2=18
1×3=3	2×3=6	⇓3×3=9	⇓4×3=12	⇓5×3=15	⇓6×3=18	⇓7×3=21	⇓8×3=24	⇓9×3=27
1×4=4	2×4=8	3×4=12	⇓4×4=16	⇓5×4=20	⇓6×4=24	⇓7×4=28	⇓8×4=32	⇓9×4=36
1×5=5	2×5=10	3×5=15	4×5=20	⇓5×5=25	⇓6×5=30	⇓7×5=35	⇓8×5=40	⇓9×5=45
1×6=6	2×6=12	3×6=18	4×6=24	5×6=30	⇓6×6=36	⇓7×6=42	⇓8×6=48	⇓9×6=54
1×7=7	2×7=14	3×7=21	4×7=28	5×7=35	6×7=42	⇓7×7=49	⇓8×7=56	⇓9×7=63
1×8=8	2×8=16	3×8=24	4×8=32	5×8=40	6×8=48	7×8=56	⇓8×8=64	⇓9×8=72
1×9=9	2×9=18	3×9=27	4×9=36	5×9=45	6×9=54	7×9=63	8×9=72	⇓9×9=81

역자 주해 3

구구법은 중국에서 아주 오래 전부터 유래한 것으로 보이는데, 이와 관련된 춘추 시대(기원전 770~476)의 이야기가 있다.

제(齊)나라의 환공(桓公)은 초현관(招賢館)을 만들어 뛰어난 인물을 등용하려고 했다. 오랫동안 기다렸지만, 아무도 응모하지 않았다. 1년 뒤 한 사람이 나타나서 환공에게 구구법을 말하면서 놀라운 지식이라고 뽐냈다. 환공은 이를 농담으로 생각하고 그에게 말했다. "당신은 구구법이 높은 지식이라고 생각하는가?" 그러자 그 사람이 대답했다. "사실, 구구법을 아는 것이 어떤 능력이나 학식이 있음을 보여주기에 충분하지 않습니다. 그러나 공께서 구구법만 아는 저를 등용하신다면, 틀림없이 유능하고 재주 많은 사람들이 관직에 나오려고 줄을 설 것입니다." 환공이 이것이 온당한 주장이라고 생각해서, 그를 등용하고 환대했다. 그 뒤 한 달도 안 되어 곳곳으로부터 유능하고 재주 많은 사람들이 많이 응모했다.[5]

역자 주해 4

승법

곱셈 구구를 이용한 일반적인 곱셈인 승법(乘法)을 간략하게 소개한다. 산대에 의한 곱셈(과 나눗셈) 방법도 『손자산경』과 『하후양산경(夏候陽算經)』에 소개되어 있다. 여기서는 산대 대신에 인도·아라비아 숫자로 그 과정을 나타내겠다.

예를 들어 곱셈 78 × 46을 계산하려면, 먼저 (1)과 같이 상격에 법(法, 승수, 곱수) 46을 놓고 하격에 실(實, 피승수, 곱하임수)을 놓는다.[6] 그리고 (2)와 같이 법의 가장 큰 자리의 수 4 바로 아래에 실의 가장 작은 자리의 수 8이 오도록 한다. (3)과 같이 법의 4를 실의 7과 8에 곱해서 얻은 28(0)과 32를 더한 312를 중격에 놓는다. 이에 따라 삼격산(三格算)이라고 한다.

5) 李儼·杜石然 저, J.N. Crossley·A.W.-C. Lun 역(1987), 『中國 數學 / *Chinese Mathematics - A concise history*』, Clarendon Press, pp.13~14.

6) 상격에 실, 하격에 법을 놓기도 한다. 곱셈에 관한 교환 법칙이 성립하므로, 결과는 서로 같다.

이제 (4)와 같이 상격의 4를 지우고 하격의 실을 오른쪽으로 한 자리 물린다. (5)와 같이 상격의 6을 실의 7과 곱해서 얻은 42를 312에 더하여 354를 얻는다. 그리고 상격의 6을 실의 8에 곱하여 얻은 48을 354(0)에 더하여 3588을 얻는다. 마지막으로 상격의 6을 지우고, 곱셈을 마친다.

(1) 4 6 7 8	(2) 4 6 7 8	(3) 4 6 3 1 2 7 8	(4) 6 3 1 2 7 8	(5) 6 3 5 4 7 8	(6) 6 3 5 8 8 7 8	(7) 3 5 8 8 7 8
		2 8 3 2 (+ 3 1 2		3 1 2 4 2 (+ 3 5 4	3 5 4 4 8 (+ 3 5 8 8	

위와 같은 곱셈 방법을 보승법(步乘法) 또는 승법이라고 한다. 여기서 '승(乘)'은 일상 언어에서 '타다' 또는 '오르다'를 뜻한다. 전통적으로 곱셈을 덧셈의 축약 또는 거듭 더하기로 생각했었는데, 덧수(가수)들을 마부가 모는 말들로 생각했던 것으로 보인다. 실제로 곱수(승수)가 상격에 위치한다.[7)]

승법에 관한 위의 설명에서는 "위로부터 아래로" 곱했다. 즉, 법과 실의 큰 자리의 수부터 곱하기 시작했다. 그런데 "아래로부터 위로" 곱하기도 한다. 사실, 승법에서는 각 자리의 수를 그것의 자릿값을 고려해서 곱하고 더했기 때문에 곱셈을 어느 방향으로 시행해도 똑같은 결과를 얻게 된다. 실제로, 조선 황윤석[8)]의 『산학입문』[9)]에는 다음과 같은 구절이 있다.[10)]

---

7) Joseph Needham(1959), *Science and Civilisation in China* Vol.3, Cambridge Univ. Press, p.63.

8) 黃胤錫(1729~1791)은 영조 5년 기유(己酉)에 출생하여 정조 15년(辛亥)에 작고한 실학 시대의 학자로, 자는 영수(永叟), 호는 이재(頤齋), 본관은 평해(平海)이다.

9) 算學入門, 황윤석이 대부분 중국과 국내의 논저들을 발췌·전재하여 영조 50년인 1774년에 완성한 백과전서와 같은 『이수신편(理藪新編)』 23권 중에서 마지막 세 권이 수학에 관한 것인데, 그 중에서 21권과 22권이 『산학입문(算學入門)』이다.

10) 황윤석 저, 강신원·장혜원 역(2006), 『산학입문』, 이수신 편, 제21권, 교우사, 61면.

승법의 경우, 『산학계몽』에서는 위에서 시작하고 『상명산법』에서는 아래에서부터 시작한다. 그 방법이 서로 다르나 결과는 같다.

凡乘法啓蒙自上起 詳明自下起 其法雖異 其歸一也

역자 주해 5

수판의 두두승법

수판셈에서도 산대셈의 경우와 같이 용어 법과 실을 사용한다.[11] 산대의 보승법에서는 법의 가장 큰 자리의 수로 실의 가장 큰 자리의 수부터 곱하기 시작한다. 수판에서 이와 같이 곱셈을 시행하는 방법을 두두승법(頭頭乘法)이라고 한다. 이에 대한 설명과 예를 인용하면 다음과 같다.[12]

무포수법[13]으로 가장 많이 쓰이고 있으며 신속한 방법으로 알려져 있다. 실의 머릿수와 법의 머릿수부터 곱셈 구구를 외워 가며 답만을 주판 위에 놓는 방법이다.

예 : 34 × 52 = 1,768

	ㄱ	ㄴ	ㄷ	ㄹ	
(1)	1	5			「5 · 3 ··· 15」
(2)		2	0		「5 · 4 ··· 20」
(3)		0	6		「2 · 3 ··· 6」
(4)			0	8	「2 · 4 ··· 8」
	1	7	6	8	

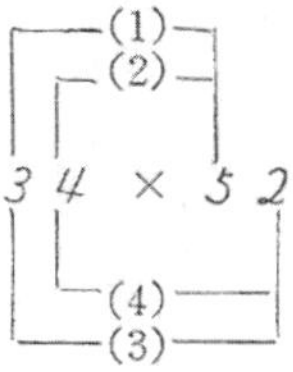

11) 수판과 수판셈은 나중에 좀 더 자세하게 설명한다.
12) 서정웅(1971), 『새로운 주산교본』, 문천사, 27면.
13) '포수(布數)'는 수판 위에 수를 놓는 것을 말한다. [산대를 펼치는 '포산(布筭)'에 대응하는 용어다.] 이에 따라 무포수법(無布數法)은 법과 실을 포수하지 않고 각 단계의 계산 결과만을 수판 위에 나타내는 일격산이다.

0-2. 구귀제법(九歸除法) : 나눗셈 구구

「옛날의 방법을 살펴보면 상제(商除)[14]를 많이 썼으나 처음 배우는 사람이 알기 어려워 후세 사람들이 이 방법으로 대신하였다. 즉 정식 방법은 아니다.」
「按古法多用商除 爲初學者難入 則後人以此法代之 卽非正術也」

일귀여일진(一歸如一進)　1 나누기는 1이 앞으로 나아간다.
견일진성십(見一進成十)　(1로) 1을 나누면 1이 된다.

이일첨작오(二一添作五)　10 나누기 2는 5로 쓴다.
봉이진성십(逢二進成十)　(2로) 2를 나누면 1이 된다.

삼일삼십일(三一三十一)　10 나누기 3은 3이고 1이 남는다.
삼이육십이(三二六十二)　20 나누기 3은 6이고 2가 남는다.
봉삼진성십(逢三進成十)　(3으로) 3을 나누면 1이 된다.

사일이십이(四一二十二[15])　10 나누기 4는 2이고 2가 남는다.
사이첨작오(四二添作五)　20 나누기 4는 5로 쓴다.
사삼칠십이(四三七十二)　30 나누기 4는 7이고 2가 남는다.
봉사진성십(逢四進成十)　(4로) 4를 나누면 1이 된다.

오귀첨이배(五歸添二倍)　5로 나누면 2배를 더한다.

---

14) 현재도 사용하는 통상적인 나눗셈 방법으로 역자 주해에서 설명한다.
15) 『산학계몽술의』에는 여기의 '二'가 '一Δ'로 되어 있다. 나사림이 입수한 판본에는 그와 같이 되어 있던 것으로 보인다. 이것에 오식 표시 Δ를 하고 다음과 같이 지적했다. "羅氏 識誤 四一二十一 案二十一據數 當爲二十二".

봉오진성십(逢五進成十)	(5로) 5를 나누면 1이 된다.
육일하가사(六一下加四)	10 나누기 6은 아래에 4를 더한다.
육이삼십이(六二三十二)	20 나누기 6은 3이고 2가 남는다.
육삼첨작오(六三添作五)	30 나누기 6은 5로 쓴다.
육사육십사(六四六十四)	40 나누기 6은 6이고 4가 남는다.
육오팔십이(六五八十二)	50 나누기 6은 8이고 2가 남는다.
봉육진성십(逢六進成十)	(6으로) 6을 나누면 1이 된다.
칠일하가삼(七一下加三)	10 나누기 7은 아래에 3을 더한다.
칠이하가육(七二下加六)	20 나누기 7은 아래에 6을 더한다.
칠삼사십이(七三四十二)	30 나누기 7은 4이고 2가 남는다.
칠사오십오(七四五十五)	40 나누기 7은 5이고 5가 남는다.
칠오칠십일(七五七十一)	50 나누기 7은 7이고 1이 남는다.
칠육팔십사(七六八十四)	60 나누기 7은 8이고 4가 남는다.
봉칠진성십(逢七進成十)	(7로) 7을 나누면 1이 된다.
팔일하가이(八一下加二)	10 나누기 8은 아래에 2를 더한다.
팔이하가사(八二下加四)	20 나누기 8은 아래에 4를 더한다.
팔삼하가육(八三下加六)	30 나누기 8은 아래에 6을 더한다.
팔사첨작오(八四添作五)	40 나누기 8은 5로 쓴다.
팔오육십이(八五六十二)	50 나누기 8은 6이고 2가 남는다.
팔육칠십사(八六七十四)	60 나누기 8은 7이고 4가 남는다.
팔칠팔십육(八七八十六)	70 나누기 8은 8이고 6이 남는다.
봉팔진성십(逢八進成十)	(8로) 8을 나누면 1이 된다.
구귀수신하(九歸隨身下)	9로 나누면 자신이 되고 자신이 남는다.

봉구진성십(逢九進成十)　(9로) 9를 나누면 1이 된다.

역자 주해 1

상제

먼저, 시작 부분에서 언급한 상제(商除)를 알아보자. 상제는 곱셈 구구를 이용하는 통상적인 나눗셈으로, 앞에서 소개한 승법의 역이다. 나뉨수(피제수)를 실(實), 나눗수(제수)를 법(法), 몫을 상(商)이라고 한다. 이때, 법을 하격, 실을 중격에 놓고, 상을 상격에 위치시킨다. 이에 따라 삼격산이다.

예를 들어 3588 ÷ 78을 계산하려면, 먼저 (1)과 같이 실 3588과 법 78의 가장 큰 자리를 같은 위치에 놓는다. 법의 78이 실의 35보다 크므로, (2)와 같이 법을 한 자리 뒤로 물린다. 이제 (3)과 같이 상의 십의 자리의 수로 4를 어림잡고, 358(0)에서 법의 7 및 8과 곱하여 얻은 28(00)과 32(0)를 차례로 빼서 46(0)을 얻는다. (4)와 같이 새로운 실로 468을 정하고 법 78을 한 자리 물린다. 그리고 (5)와 같이 상의 일의 자리의 수로 6을 어림잡고, 468에서 법의 7 및 8과 곱하여 얻은 42(0)와 48을 뺀다. 나머지가 없으므로, (6)과 같이 나눗셈이 끝나고 상 46을 얻는다.

(1) 3 5 8 8 7 8	(2) 3 5 8 8 7 8	(3) 4 3 5 8 8 7 8	(4) 4 4 6 8 7 8	(5) 4 6 4 6 8 7 8	(6) 4 6 7 8
		3 5 8 2 8 (− 7 8 3 2 (− 4 6		4 6 8 4 2 (− 4 8 4 8 (− 0	

(6)	4 6
	5
	7 8

만약 3593 ÷ 78을 위와 같이 계산하면 마지막 단계에서 오른쪽과 같은 결과를 얻게 된다. 이는 자연스럽게 다음과 같이 몫을 대분수로 나타낼 수 있게 한다.

$$3593 \div 78 = 46\frac{5}{78}$$

수판셈에도 상제법이 있는데, 그 원리는 산대셈과 같다. 그리고 역시 나눗수를 법, 나뉨수를 실이라 하고, 법을 왼쪽, 실을 오른쪽에 포수하고 계산 결과로 실을 직접 수정함으로써 답을 구한다. 이에 따라 산대의 상제법을 이격산으로 바꾼 것과 같다. 법이 한 자리 수인 경우와 두 자리 수인 경우의 상제법을 예시하면 다음과 같다.[16]

예 : 429 ÷ 3 = 143

① 실의 머릿수 4 속에 법의 머릿수 3이 들었으니 한 칸 건너 답 1을 세우고 「1 · 3…3」을 뺀다.

② 다음 나머지 실의 머릿수 1 속에 안 들었으니 바로 앞에 4를 세우고 「4 · 3…12」를 뺀다.

③ 다음 나머지 9 속에 들었으니 한 칸 건너 답 3을 세우고 「3 · 3…9」를 빼면 정답 143이 된다.

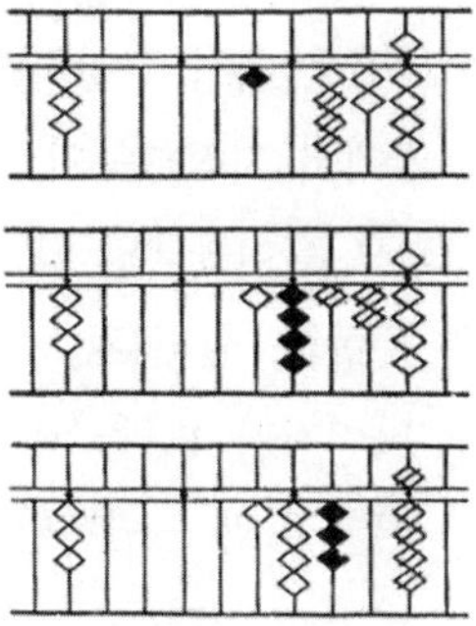

예 : 368 ÷ 23 = 16

① 실 36과 법 23을 비교하여 법이 작으니 한 칸 건너 1을 세우고 「1 · 2…2」, 「1 · 3…3」을 차례로 자리 맞추어 뺀다.

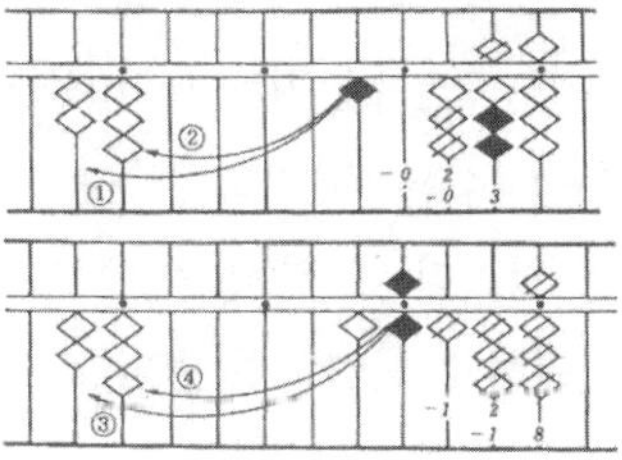

16) 서정웅(1990), 『상업 계산[제5차 교육 과정]』, 문호사, 28~29면.

② 다음 실 13 속에 23이 안 들었으니 13 속에 법 2가 몇 번 들어있는지 알아본다. 6을 가상으로 세우고 「6 · 2…12」, 「6 · 3…18」을 빼면 정답 16을 얻는다.

• 역자 주해 2 •

귀제법

위의 구귀제법(九歸除法)은 곱셈 구구에 대응하는 나눗셈 구구로, 실(나뉨수)를 직접 조작해서 2격산 또는 1격산으로 답을 구하는 나눗셈인 '귀제법'에 사용된다. 특히, 법(나눗수)가 한 자리 수인 경우를 '구귀법'이라고도 하는데, 여기서 이에 대해 설명하겠다. 일반적인 귀제법은 상❺ 「구귀제법문」에서 설명하겠다.

앞에서 지적했듯이, 'A除B'는 'A로 B를 나누면', 즉 'B ÷ A'를 뜻한다. 그러므로 이를테면 '七六八十四'에서 '七六'는 7로 6을 나누면, 즉 6 ÷ 7을 뜻한다. 실제로는 아랫자리를 기준으로 60 ÷ 7을 뜻하는데, 몫이 8이고 나머지가 4임을 84로 나타내고 있다.

한편, 위의 구귀제법에서는 몫과 나머지를 말하지 않고 다른 계산 진행 방법을 알려주는 경우도 있다. '오귀첨이배'(5 나누기는 2배를 더한다)는 5로 a × 10을 나누면 몫이 2a 이므로, 나뉨수(피제수)의 각 자리의 수 a를 그 수의 2배인 2a를 쓰라는 말이다. 또, '구귀수신하'(9 나누기는 자신이 되고 자신이 남는다)는 9로 a × 10을 나누면 몫이 a 이고 나머지가 a 이므로, 나뉨수(피제수)의 각 자리의 수를 그대로 두고 그 아래 자리에 그 수를 더하라는 말이다. 『산학입문』에서는 5귀(五歸)와 9귀(九歸)를 각각 다음과 같이 세세하게 나열하고 있다.

[5귀]	오일배작이	오이배작사	오삼배작육	오사배작팔
	(五一倍作二)	(五二倍作四)	(五三倍作六)	(五四倍作八)
[9귀]	구일하가일	구이하가이	구삼하가삼	구사하가사
	(九一下加一)	(九二下加二)	(九三下加三)	(九四下加四)
	구오하가오	구육하가육	구칠하가칠	구팔하가팔
	(九五下加五)	(九六下加六)	(九七下加七)	(九八下加八)

여기서 이를테면 '구일하가일'은 '9 나누기 1은 (1이고) 아래 자리에 1을 더하라'는 뜻이다.

각 노랫말이 나온 과정 또는 그 노랫말의 뜻을 한 자리 수로 나누는 구귀법으로 시행한 예와 함께 설명하면 다음과 같다. 오른쪽에서는 현재의 표현으로 그 정당성을 확인한다.

	몫 나머지 노랫말	몫 나머지 노랫말
[2귀]		
	• $10 \div 2 = 5 \cdots 0$ → 이일첨작오	• $20 \div 2 = 10 \cdots 0$ → 봉이진성십
[3귀]		
	• $10 \div 3 = 3 \cdots 1$ → 삼일삼십일	• $20 \div 3 = 6 \cdots 2$ → 삼이육십이
	• $30 \div 3 = 10 \cdots 0$ → 봉삼진성십	

12	예를 들어 '12 ÷ 3'을 계산해보자.	$12 = 10+2$
3	먼저 십의 자리의 수 1을 보면, '삼일삼십일'에	$= 3 \times 3+1+2$
↓	의해 1을 3으로 바꾸고 아래 자리에 1을 더한다	
33	아래 자리는 3이 된다. '봉삼진성십'에	$= 3 \times 3+3$
3	의해 십의 자리의 3에 1을 더한다.	$= 3 \times 3+3 \times 1$
↓		$= 3 \times (3+1)$
40	그러면 몫 4와 나머지 0을 얻는다.	$= 3 \times 4$
3		

[4귀]

- 10 ÷ 4 = 2 … 2 → 사일이십이
- 20 ÷ 4 = 5 … 0 → 사이첨작오
- 30 ÷ 4 = 7 … 2 → 사삼칠십이
- 40 ÷ 4 = 10 … 0 → 봉사진성십

[6귀]

- 10 ÷ 6 = 1 … 4 → 육일하가사
- 20 ÷ 6 = 3 … 2 → 육이삼십이
- 30 ÷ 6 = 5 … 0 → 육삼첨작오
- 40 ÷ 6 = 6 … 4 → 육사육십사
- 50 ÷ 6 = 8 … 2 → 육오팔십이
- 60 ÷ 6 = 10 … 0 → 봉육진성십

[7귀]

- 10 ÷ 7 = 1 … 3 → 칠일하가삼
- 20 ÷ 7 = 2 … 6 → 칠이하가육
- 30 ÷ 7 = 4 … 2 → 칠삼사십이
- 40 ÷ 7 = 5 … 5 → 칠사오십오
- 50 ÷ 7 = 7 … 1 → 칠오칠십일
- 60 ÷ 7 = 8 … 4 → 칠육팔십사
- 70 ÷ 7 = 10 … 0 → 봉칠진성십

[8귀]

- 10 ÷ 8 = 1 … 2 → 팔일하가이
- 20 ÷ 8 = 2 … 4 → 팔이하가사
- 30 ÷ 8 = 3 … 6 → 팔삼하가육
- 40 ÷ 8 = 5 … 0 → 팔사첨작오
- 50 ÷ 8 = 6 … 2 → 팔오육십이
- 60 ÷ 8 = 7 … 4 → 팔육칠십사
- 70 ÷ 8 = 8 … 6 → 팔칠팔십육
- 80 ÷ 8 = 10 … 0 → 봉팔진성십

464	예를 들어 '464 ÷ 8'을 계산해보자.	464 = 400+64
8	먼저 백의 자리의 4를 보면	= 8 × 50+64
↓	'팔사첨작오'에 의해 4를 5로 바꾼다.	
564	십의 자리 6을 보면 '팔육칠십사'에	= 8 × 50+60+4
8	의해 6을 7로 바꾸고 아래 자리에	= 8 × 50+8 × 7+4+4
↓	4를 더해서 8을 얻는다.	= 8 × 57+8
578	이제 '봉팔진성십'에 의해 십의 자리의	= 8 × 57+8 × 1
8	7에 1을 더한다.	= 8 × 58
↓		
580	그러면 몫 58과 나머지 0을 얻는다.	
8		

- 90 ÷ 9 = 10 … 0 → 봉구진성십
  [9를 만나면 10이 된다.]

• 역자 주해 3 •

가결

≪0-1≫ 석구수법과 ≪0-2≫ 구귀제법과 같이 많은 계산 방법을 이렇게 운문 형식으로 나타낸 가결(歌訣) 또는 구결(口訣)은 13~14세기 중국 실용 수학의 큰 특징이었다. 이렇게 운문화된 공식은 계산 도구가 산대에서 수판으로 전환하는 과정에서 매우 중요한 역할을 했다.[17] ≪0-2≫ 구귀제법은 주세걸이 이와 관련된 이전의 가결을 규범화해서 완성했다.[18]

• 역자 주해 4 •

수판

왕감(王鑒)은 『산학계몽술의(筭學啓蒙述義)』에서 구귀제법을 '수판셈의 방법'이라고 했다.[19] 이에 수판[20]에 대해 간략히 알아보겠다.[21]

수판(abacus)의 역사는 매우 오래되어 3000~4000년 전의 메소포타미아

17) 李儼·杜石然 저, J.N. Crossley·A.W.-C. Lun 역(1987), 『中國 數學 / *Chinese Mathematics -A concise history*』, Clarendon Press, p.179.

18) 孔國平(2000), 『李冶朱世杰与金元數學』, 河北科學技術出版社, 313면.

19) 이것은 수판셈(주산)의 방법이다. 사람들이 그 편리함을 좋아해서 상제의 방법은 마침내 없어졌다.(此珠筭之法也 人樂其便 而商除之法遂失)

20) 1970년대의 교과서에서는 '주판(珠板)'과 '주산(珠算)'을, 그 뒤에는 '수판'과 '수판셈'이라 하고 있다. 네이피어의 막대를 이용한 계산을 일컫는 '주산(籌算)'과 구별하기 위해서, 여기서는 용어 수판과 수판셈을 이용하겠다.

21) 허민(2005), 『산대셈과 수판셈』, 한국수학사학회지 제18권 제1호, 49~66면.

에서는 모래 또는 땅 위에 줄을 긋고 돌을 올려놓는 모래 산판을 이용했다. 2500년 전의 이집트, 그리스, 로마 등에서는 나무나 돌 판 위에 줄을 긋고 그 위에 뼈나 상아로 만든 작은 공을 놓고 계산하는 선 수판을 이용했다. 그 뒤 로마에서는 아래의 그림과 같이 청동 판 위에 홈을 파고 단추와 같은 공을 부착한 홈 수판을 이용했다. 유럽에서 수판은 인도·아라비아 수 체계가 전래되고 널리 보급된 뒤인 18세기에는 자취를 감추게 된다. 그 뒤 19세기에 러시아의 수판이 퐁슬레(J.V. Poncelet, 1788~1867)에 의해 다시 도입되었다.

로마의 홈 수판이 비단길을 통해 중국으로 전해졌다고 하는 주장도 있지만, 그 진위는 확실치 않다. 어쨌든, 한나라의 서악(徐岳)이 지은 『수술기유(數術記遺)』(2세기)에 오늘날과 비슷한 형태의 수판 사용법이 기록되어 있고, 그 뒤에 『철경록(輟耕錄)』(1366년)과 『괴년대상사언잡자(魁年對相四言雜字)』(1371년)에도 수판이 언급되어 있다. 명나라 때 발간된 정대위(程大位)의 『산법통종(算法統宗)』(1592년)에도 수판의 사용법이 기록되어 있다. 중국에서는 명나라 때부터 상업의 발달과 함께 수판이 널리 이용되었다.

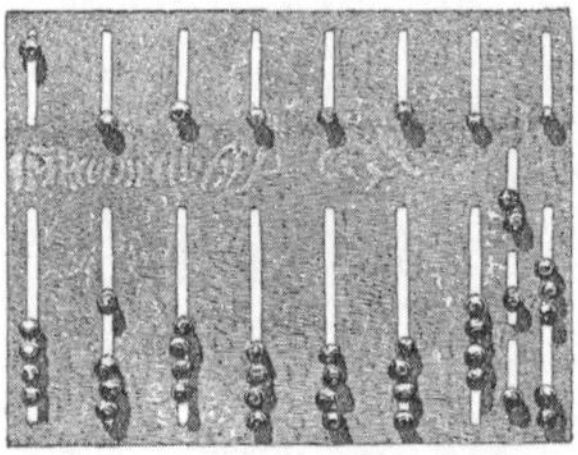

로마의 수판

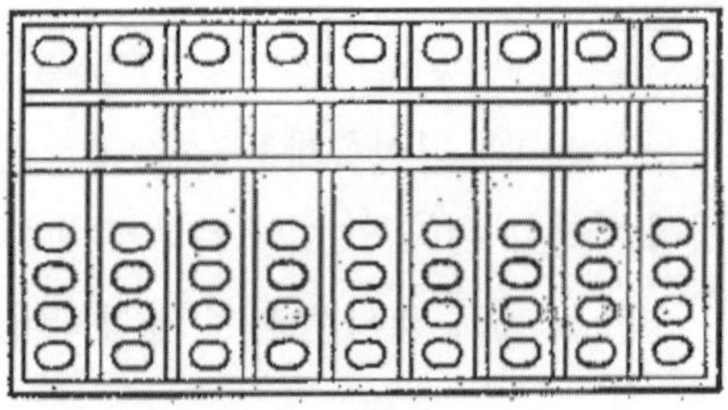

『수술기유』의 수판도

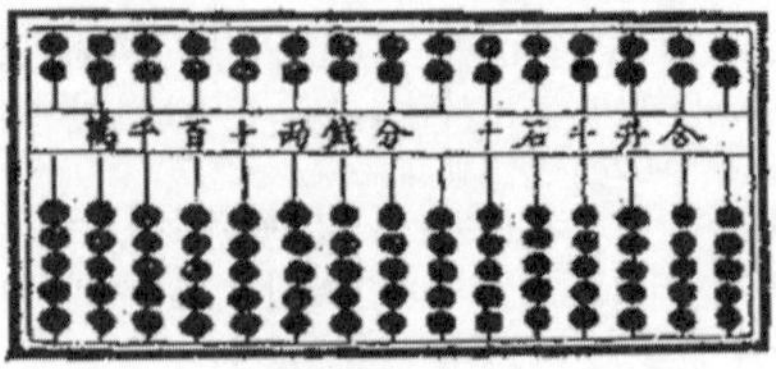

『산법통종』의 수판도

『산학계몽』은 1299년에 쓰여졌다. 이에 따라 위의 구귀제법은 중국에서 수판이 널리 보급되기 이전에 이미 있었고, 산대를 이용한 계산을 위해 개발되었을 것이다. 산대의 계산 과정은 그 뒤 수판에 거의 그대로 적용된 것으로 보인다. 산대가 거의 사라지고 수판이 계산의 대종을 이루었던 19세기의 중국에 살았던 왕감은 구귀제법을 수판셈의 방법으로 알았을 것이다.

우리나라에는 고려 시대에 수판이 이용된 흔적이 있다고 한다. 최석정[22]의 『구수략』[23]에 주산에 대한 기록이 보인다.[24] 우리나라에서 수판은 19세기에야 널리 이용되기 시작한 것으로 보인다.

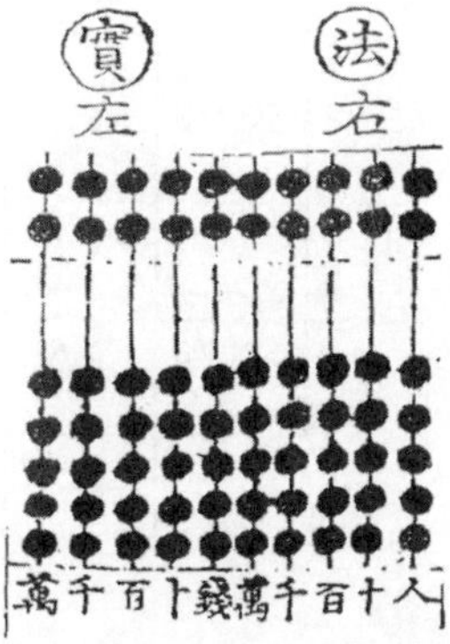

일본 수판

22) 崔錫鼎(1646~1715), 조선 중기의 문신 · 학자로, 자는 여시(汝時) · 여화(汝和)이고, 호는 존와(存窩) · 명곡(明谷)이다.

23) 九數略, 『주역』이 사상(四象) 사상을 토대로 『구장산술』의 '구수(방전, 속미, 쇠분, 소광, 상공, 균수, 방정, 영부족, 구고)'의 원리를 밝힌 책.

24) 최석정 저, 정해남 · 허민 역(2006), 『구수략 곤』, 교우사, 145면.

얼마 전까지만 해도 상업계 고등학교에서는 '상업 계산'이라는 과목을 통해 수판셈을 가르쳤다. 이런 책에 소개된 수판셈을 보면 산대셈의 여러 가지 원리가 거의 그대로 적용되었음을 확인할 수 있다. 아래의 그림은 1990년대에 출판된 교과서에 있는 두 가지 형태의 나눗셈 구구이다.

나눗셈 구구(귀제법 구구)

1단	2단	3단	4단	5단	6단	7단	8단	9단
1진 10	2·1 천작 5	3·1 31	4·1 22	5·1 가1	6·1 하가 4	7·1 하가 3	8·1 하가 2	9·1 하가 1
	2진 10	3·2 62	4·2 천작 5	5·2 가2	6·2 32	7·2 하가 6	8·2 하가 4	9·2 하가 2
		3진 10	4·3 72	5·3 가3	6·3 천작 5	7·3 42	8·3 하가 6	9·3 하가 3
			4진 10	5·4 가4	6·4 64	7·4 55	8·4 천작 5	9·4 하가 4
				5진 10	6·5 82	7·5 71	8·5 62	9·5 하가 5
					6진 10	7·6 84	8·6 74	9·6 하가 6
						7진 10	8·7 86	9·7 하가 7
							8진 10	9·8 하가 8
								9진 10

『산학계몽』과 다른 점은 '이일첨작오'와 '이일천작오'에서 알 수 있듯이, '첨'이 '천'으로 바뀌었다. 3개 언어인 중국어, 영어, 일본어로 발간된 책 『Knowing Abacus 珠算知多少』(精英培訓中心, 1994)에는 중국어로는 '二一添作五'로 그리고 일본어로는 '二一天作五'로 되어 있다. 이에 따라

이런 표는 일본의 영향을 받은 결과로 보인다.

그리고 5귀(5단)의 경우 “오일배작이, 오이배작사, 오삼배작육, 오사배작팔”이 차례로 “오일가일, 오이가이, 오삼가삼, 오사가사”로 바뀌었다.

귀제 구구표

1 단	1 10 진 1)10 10	2 20 진 1)20 20	3 30 진 1)30 30	4 40 진 1)40 40	5 50 진 1)50 50	6 60 진 1)60 60	7 70 진 1)70 70	8 80 진 1)80 80	9 90 진 1)90 90
2 단	2·1 5 천작 2)10 5	2 10 진 2)20 10	4 20 진 2)40 20	6 30 진 2)60 30	8 40 진 2)80 40				
3 단	3·1 3-1 3)10 31	3·2 6-2 3)20 62	3 10 진 3)30 10	6 20 진 3)60 20	9 30 진 3)90 30				
4 단	4·1 2-2 4)10 22	4·2 5 천작 4)20 5	4·3 7-2 4)30 72	4 10 진 4)40 10	8 20 진 4)80 20				
5 단	5·1 2 가 5)10 1	5·2 4 가 5)20 2	5·3 6 가 5)30 3	5·4 8 가 5)40 4	5 10 진 5)50 10				
6 단	6·1 1-4 하가 6)10 4	6·2 3-2 6)20 32	6·3 5 천작 6)30 5	6·4 6-4 6)40 64	6·5 8-2 6)50 82	6 10 진 6)60 10			
7 단	7·1 1-3 하가 7)10 3	7·2 2-6 하가 7)20 6	7·3 4-2 7)30 42	7·4 5-5 7)40 55	7·5 7-1 7)50 71	7·6 8-4 7)60 84	7 10 진 7)70 10		
8 단	8·1 1-2 하가 8)10 2	8·2 2-4 하가 8)20 4	8·3 3-6 하가 8)30 6	8·4 5 천작 8)40 5	8·5 6-2 8)50 62	8·6 7-4 8)60 74	8·7 8-6 8)70 86	8 10 진 8)80 10	
9 단	9·1 1-1 하가 9)10 1	9·2 2-2 하가 9)20 2	9·3 3-3 하가 9)30 3	9·4 4-4 하가 9)40 4	9·5 5-5 하가 9)50 5	9·6 6-6 하가 9)60 6	9·7 7-7 하가 9)70 7	9·8 8-8 하가 9)80 8	9 10 진 9)90 10

0-3. 근하유법(斤下留法) : 근으로 나타내는 법

「근 아래에 냥이 딸려 있으면 마땅히 16으로 그것을 나눈다.
지금은 생략하고 이것으로 그것을 대신한다.」
「斤下帶兩者 當以十六約之
今則就省 以此代之也」

일퇴육이오(一退六二五)	1(냥)은 물러나서 625 (즉 0.0625근)
이유일이오(二留一二五)	2(냥)는 125로 머문다. (즉 0.125근)
삼유일팔칠오(三留一八七五)	3은 1875로 머문다.
사유이오(四留二五)	4는 25로 머문다.
오유삼일이오(五留三一二五)	5는 3125로 머문다.
육유삼칠오(六留三七五)	6은 375로 머문다.
칠유사삼칠오(七留四三七五)	7은 4375로 머문다.
팔유단오(八留單五)	8은 5홀로 머문다.
구유오육이오(九留五六二五)	9는 5625로 머문다.
십유육이오(十留六二五)	10은 625로 머문다.
십일유육팔칠오(十一留六八七五)	11은 6875로 머문다.
십이유칠오(十二留七五)	12는 75로 머문다.
십삼유팔일이오(十三留八一二五)	13은 8125로 머문다.
십사유팔칠오(十四留八七五)	14는 875로 머문다.
십오유구삼칠오(十五留九三七五)	15는 9375로 머문다.

역자 주해

근하유법은 1부터 15까지를 16으로 나눈 몫을 나열하고 있다. 이는 ≪0-9≫ 근칭기율에서 제시하듯이 '1근 = 16냥'이므로, 단위가 '냥'으로 나타낸 수량을 단위 '근'으로 환산하는 데 이용할 수 있다.

이는 이미 양휘의 『일용산법(日用算法)』(1262)에 나타나는데, 그 책에서는 1부터 8까지의 결과를 나열하고 있다. 처음 네 개는 다음과 같다.[25)]

一求隔位六二五　二求退位一二五　三求一八七五記　四求改曰二十五

왼쪽에 현대식으로 나타낸 나눗셈 결과로부터 근하유법의 노랫말이 나온 이유를 알 수 있다.

$1 \div 16 = 0.0625$	→	일퇴육이오(一退六二五)
$2 \div 16 = 0.125$	→	이유일이오(二留一二五)
$3 \div 16 = 0.1875$	→	삼유일팔칠오(三留一八七五)
$4 \div 16 = 0.25$	→	사유이오(四留二五)
$5 \div 16 = 0.3125$	→	오유삼일이오(五留三一二五)
$6 \div 16 = 0.375$	→	육유삼칠오(六留三七五)
$7 \div 16 = 0.4375$	→	칠유사삼칠오(七留四三七五)
$8 \div 16 = 0.5$	→	팔유단오(八留單五)
$9 \div 16 = 0.5625$	→	구유오육이오(九留五六二五)
$10 \div 16 = 0.625$	→	십유육이오(十留六二五)
$11 \div 16 = 0.6875$	→	십일유육팔칠오(十一留六八七五)
$12 \div 16 = 0.75$	→	십이유칠오(十二留七五)
$13 \div 16 = 0.8125$	→	십삼유팔일이오(十三留八一二五)

25) 孔國平(2000), 『李治朱世杰与金元數學』, 河北科學技術出版社, 314~315면.
李儼 · 杜石然 저(1987), J.N. Crossley · A.W.-C. Lun 역, 『中國 수학 / *Chinese Mathematics-A concise history*』, Clarendon Press, pp.180~181.

14 ÷ 16 = 0.875 → 십사유팔칠오(十四留八七五)
15 ÷ 16 = 0.9375 → 십오유구삼칠오(十五留九三七五)

0-4. 명종횡결(明縱橫訣) : 산대 놓는 가결

일은 세로 십은 가로	(一縱十橫)
백은 서고 천은 눕고	(百立千僵)
천과 십은 마주보고	(千十相望)
만과 백은 비슷하다.	(萬百相當)
6 이상 차는 것은	(滿六已上)
5가 위쪽에 있다.	(五在上方)
6은 쌓아 모으지 않고	(六不積聚)
5는 홀로 놓지 않는다.	(五不單張)
10이 되면 제자리를 넘고	(言十自過)
못 되면 제자리에 나타낸다.	(不滿自當)
이 가결에 밝으면	(若明此訣)
『구장』을 익힐 수 있다.	(可習九章)

• 역자 주해 •

산대로 수를 나타내는 방법을 설명하고 있다. 여기서 처음 네 행은 『손자산경』에 있고, 이를 포함해서 처음 8행은 8세기경에 발간된 『하후양산경』에 이미 들어있는 문구이다.

중국에서 기원전 1000년경부터 사용된 산대는 고대에는 대나무를 둥

글게 깎아서 지름이 1푼(分)이고 길이가 6치(寸)로 [271개를 한 묶음으로] 만들었는데, 그 뒤 점차로 작아졌으며 나무를 세모꼴로 깎아 만들기도 하였다. 산대를 산(筭, 算) 또는 주(籌)라고 했는데, 해당하는 한자는 모두 대죽변(竹)에 속해 있다. 중국인들은 수학을 산학 또는 주학이라고 하였다.

산대로 수를 나타낼 때는 위에서 설명한 대로, 일, 백, 만 … 의 자리의 수는 아래 그림의 첫 행과 같이 세우고 십, 천 … 의 자리의 수는 둘째 행과 같이 옆으로 뉘어서 표현했다. 그리고 6 이상은 편의를 위해 위쪽에 5를 나타내는 산대를 놓는다.

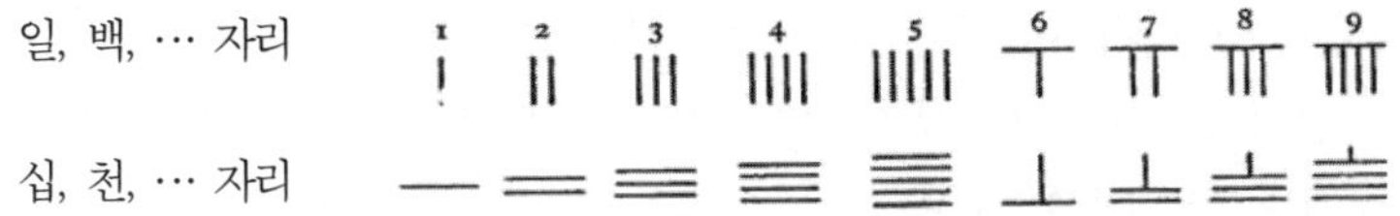

예를 들면, 오른쪽 그림의 산판에 나타낸 수는 위로부터 차례로 6537, 28301, 67714, 76620을 나타낸다. 여기서 알 수 있듯이, 빈자리는 0을 나타낸다.

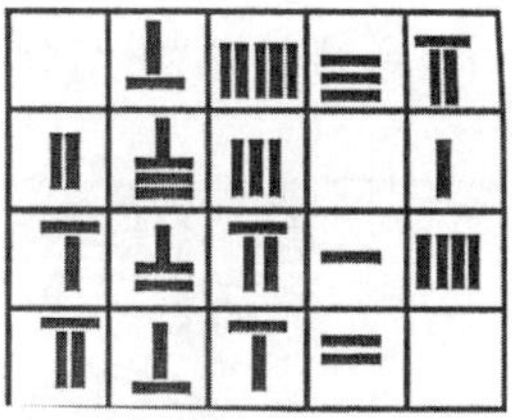

중국에서는 고대부터 음수를 사용했는데, 『구장산술(九章算術)』에도 음수가 등장한다. 양수와 음수를 구별하기 위해서, 양수는 빨간 산대로 음수는 검은 산대로 나타냈다. 또는 일의 자리를 나타내는 산대 위에 다른 산대를 비스듬히 올려놓는 방법으로 음수를 나타내기도 했다.

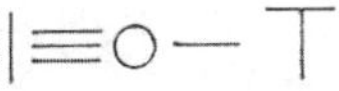

23016

송·원 시대(960~1367)에는 산대에 의한 수 표시를 그대로 옮겨 쓴 주식 숫자(籌式數字)가 등장했다. 오른쪽과 같이, 이 경우에 각 숫자 사이에 간격을 두지 않고 꼭 붙여 썼으며, 빈 자리는 기호 ○로 나타내고,[26] 음수는 마지막 숫자에 빗금을 그어 나타냈다.

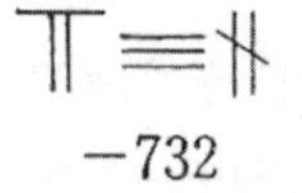

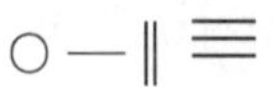

왕감의 주석에서는 1보다 작은 소수를 나타내는 방법도 설명하고 있는데, 예를 들어 '0.123'은 오른쪽과 같이 나타낸 것으로 보인다.

그런데 산대의 중요성은 수의 표현이 아니라 계산에 있었다. 실제로 한자에 의한 수 표기는 기록용이었으며 그 자체를 조작해서 연산 결과를 얻지 않았다. 중국에서는 명나라의 15세기 중반까지 그리고 우리나라에서는 19세기에도 산대가 계산 수단의 대종을 이루었다.

산대를 보자기에 싸 가지고 다니다가 수학 문제를 풀기 위해 계산을 하려면, 보자기를 풀어 펴고 그 위에 산대로 수를 표시하고 이리저리 산대를 옮기면서 계산하였기 때문에 이것을 포산(布算)이라고 한다. 아래 사진은 일본의 한 산학 책에 있는 포산 장면을 보여주는 삽화이다.[27]

26) 남송 진구소(秦九昭)의 『수서구장(數書九章)』(1247)에 처음 등장했다.

27) D. E. Smith(1958), *History of Mathematics* vol. II, Dover Pub. Inc., p.173.

0-5. 대수지류(大數之類) : 큰 수의 종류

「무릇 수 중에서 큰 것은 하늘도 덮지 못하고 땅도 싣지 못한다. 그 수가 끝날 수 없으므로 이를 큰 수라고 이른다.」

「凡數之大者 天莫能蓋 地莫能載 其數不能極 故謂之大數也」

일, 십, 백, 천, 만, 십만, 백만, 천만, 만만은 억이라 하고, 만만억을 조라고 한다.

一 十 百 千 萬 十萬 百萬 千萬 萬萬曰億 萬萬億曰兆

「앞에서와 같이 말해보면 일억, 십억, 백억, 천억, 만억, 십만억, 백만억, 천만억이니, 만만억을 조라고 한 것은 이 때문이다. 뒤도 이와 같다. 다시 번거롭게 설명하지 않는다.」

「如前呼之 一億 十億 百億 千億 萬億 十萬億 百萬億 千萬億 萬萬億曰兆是也 後倣此 更不繁說」

만만조는 경이라 하고, 만만경은 해라 하고, 만만해는 자라 하고, 만만자는 양이라 하고, 만만양은 구라 하고, 만만구는 간이라 하고, 만만간은 정이라 하고, 만만정은 재라 하고, 만만재는 극이라 하고, 만만극은 항하사라 하고, 만만항하사는 아승지라 하고, 만만아승지는 나유타라 하고, 만만나유타는 불가사의라 하고, 만만불가사의는 무량수라고 한다.

萬萬兆曰京 萬萬京曰陔[28] 萬萬陔曰秭 萬萬秭曰壤 萬萬壤曰溝 萬萬溝曰澗 萬萬澗曰正 萬萬正曰載 萬萬載曰極 萬萬極曰恒河沙 萬萬恒河沙曰阿僧祇 萬萬阿僧祇曰那由他 萬萬那由他曰不可思議 萬萬不可思議曰無量數

---

28) 陔는 '垓'의 誤記.

• 역자 주해 1 •

큰 수의 명수법

큰 수(大數), 즉 1 이상의 자연수의 명칭을 나열하고 있는데, 큰 수의 명수법을 <표 1>과 같이 정리할 수 있다.[29] 우리나라에서도 18세기 이전까지는 위와 같이 ①의 명수법을 사용했는데, 19세기 이후는 ②의 명수법을 사용하고 있다.

일(一), 십(十), 백(百), 천(千), 만(萬), …과 같이 10배마다 새로운 수사(數詞)로 바뀌지는(이십체진, 以十遞進) 명수법(命數法)을 '하수 명수법(下數命數法)'(또는 以十遞進 命數法)이라 할 수 있다. 그런데 수사가 십십(十十)으로 변화하는 하수는 너무 작아서 셈하기에 불편하다. 한편 제곱으로 변하는 상수(上數)는 수가 너무 크므로 실제로 사용하지 못하다. 이에 따라 중수(中數)만이 전해지고 있다는데, 그 중수가 바로 <표 1>의 ①과 같은 명수법이다.

위의 본문에서도 나열한 이 중수 명수법에서는 억 이후로는 억(또는 만만) 배마다 새로운 수사로 바뀐다(以億遞進). 우리나라에서는 18세기 이전까지는 이 중수 명수법이 사용되었다. 그러나 19세기 이후로는 ②와 같이 억 이후로는 만 배마다 새로운 수사로 바뀌는(以萬遞進) 명수법을 사용하고 있다.

• 역자 주해 2 •

큰 수(大數)의 명칭 중에서 재(載)까지는 『산학계몽』보다 훨씬 앞서 나

29) 김병덕(1999), 「우리나라 명수법에 관한 소고(II)」, 『한국수학사학회지』 제12권 제1호, 53~64쪽.

〈표 1〉 큰 수의 수사 조직

數詞	수사	①	②	비고
一	일	1	1	
十	십	10	10	
百	백	10^{2}	10^{2}	
千	천	10^{3}	10^{3}	
萬	만	10^{4}	10^{4}	
億	억	10^{8}	10^{8}	
兆	조	10^{16}	10^{12}	
京	경	10^{24}	10^{16}	
垓	해	10^{32}	10^{20}	
秭	자	10^{40}	10^{24}	
穰	양	10^{48}	10^{28}	壤
溝	구	10^{56}	10^{32}	
澗	간	10^{64}	10^{36}	
正	정	10^{72}	10^{40}	
載	재	10^{80}	10^{44}	
極	극	10^{88}	10^{48}	
恒河沙	항하사	10^{96}	10^{52}	
阿僧祇	아승기	10^{104}	10^{56}	
那由他	나유타	10^{112}	10^{60}	
不可思議	불가사의	10^{120}	10^{64}	
無量數	무량수	10^{128}	10^{68}	

온 『수술기유』(2세기)에 이미 있고,[30] 『손자산경』에도 있다. 재 다음의 수 이름은 불교와 인도의 영향을 받았음을 보여준다.

중국 남북조 및 수·당 시대(316~907)에 인도로부터 불교가 전파되면서, 중국과 인도 사이에 천문학, 의학, 음악, 예술 등의 교류가 활발하게 이루어졌다. 수나라의 기록에 의하면, 인도의 천문학과 수학을 중국어로 번역한 『파라문산법(婆羅門算法)』 3권, 『파라문음양산력(婆羅門陰陽算曆)』 1권, 『파라문산경(婆羅門算經)』 3권 등 3종의 책이 있었다. 중국에서 이것들은 외국의 수학 책을 중국어로 번역한 최초의 일이었다.

중국 수학에 영향을 준 인도 수학은 큰 수와 작은 수의 명수법이었다. 이런 것은 불경을 통해 매우 초기에 도입됐는데, 송·원 시대에는 그런 수 이름이 중국의 수학 책에 채택됐다. 극부터가 바로 그것들인데, 뜻 또는 출처를 요약하면 다음과 같다.

數詞	수사	뜻 또는 출처
極	극	최고, 최상
恒河沙	항하사	갠지스 강의 모래
阿僧祇	아승기	불경 『화엄경』 무수겁(無數劫)의 뜻으로 헤아릴 수 없는 수
那由他	나유타	불경 『화염경』
不可思議	불가사의	상상할 수 없는
無量數	무량수	셀 수 없는 수

30) 孔國平(2000), 『李冶朱世杰与金元數學』, 河北科學技術出版社, 316면.

0-6. 소수지류(小數之類) : 작은 수의 종류

「무릇 수 중에서 작은 것은 보아도 형체가 없고 잡아도 형상이 없다. 수는 다할 수도 없으므로 작은 수라고 한다.」

「凡數之小者 視之無形 取之無象 數亦不能盡 故謂之小數也」

일, 분, 리 호, 사, 홀, 미, 섬, 사, 만만진은 사라 하고, 만만애는 진이라 하고, 만만묘는 애라 하고, 만만막은 묘라 하고, 만만모호는 묘라 하고, 만만준순은 모호라 하고, 만만수유는 준순이라 하고, 만만순식은 수유라 하고, 만만탄지는 순식이라 하고, 만만찰나는 탄지라 하고, 만만육덕은 찰나라 하고, 만만허는 육덕이라 하고, 만만공은 허라 하고, 만만청은 공이라 하고, 만만정은 청이라 한다. 천만정, 백만정, 십만정, 만정, 천정, 백정, 십정, 일정

一 分 釐 毫 絲 忽 微 纖 沙 萬萬塵曰沙 萬萬埃曰塵 萬萬渺曰埃 萬萬漠曰渺 萬萬糢糊曰漠 萬萬逡巡曰糢糊 萬萬須臾曰逡巡 萬萬瞬息曰須臾 萬萬彈指曰瞬息 萬萬刹那曰彈指 萬萬六德曰刹那 萬萬虛曰六德 萬萬空曰虛 萬萬淸曰空 萬萬淨曰淸 千萬淨 百萬淨 十萬淨 萬淨 千淨 百淨 十淨 一淨

역자 주해 1

작은 수의 명수법

작은 수(小數), 즉 1보다 작은 소수에 대한 명수법을 나열하고 있는데, 이를 <표 2>와 같이 정리할 수 있다.[31] 우리나라에서는 여기서 나열한

〈표 2〉 작은 수의 수사 조직

수사	數詞	①	②	비고
분	分	10^{-1}	10^{-1}	
이	釐/厘	10^{-2}	10^{-2}	리
호	毫	10^{-3}	10^{-3}	
사	絲	10^{-4}	10^{-4}	
홀	忽	10^{-5}	10^{-5}	
미	微	10^{-6}	10^{-6}	
섬	纖	10^{-7}	10^{-7}	
사	沙	10^{-8}	10^{-8}	
진	塵	10^{-16}	10^{-9}	
애	埃	10^{-24}	10^{-10}	
묘	渺	10^{-32}	10^{-11}	
막	漠	10^{-40}	10^{-12}	
모호	糢糊	10^{-48}	10^{-13}	模糊
준순	逡巡	10^{-56}	10^{-14}	
수유	須臾	10^{-64}	10^{-15}	
순식	瞬息	10^{-72}	10^{-16}	
탄지	彈指	10^{-80}	10^{-17}	
찰나	刹那	10^{-88}	10^{-18}	
육덕	六德	10^{-96}	10^{-19}	
허	虛	10^{-104}	–	
허공	虛空	–	10^{-20}	
공	空	10^{-112}	–	
청	淸	10^{-120}	–	
청정	淸淨	–	10^{-21}	
정	淨	10^{-128}	–	

31) 김병덕(1999), 「우리나라 명수법에 관한 소고(II)」, 『한국수학사학회지』 제12권 제2호, 55~62면.

①의 명수법을 19세기 중엽까지 사용했고, ②의 명수법은 개화기(19세기 말) 뒤부터 사용하고 있다. 여기서 10^{-2}에 대한 수사는 두음법칙(頭音法則)에 의하여 '이'로 나타내지만, 1釐, 2釐 등은 1리, 2리로 읽고 쓴다.

이 명수법에 따라, 예를 들어 소수 '0.587'는 '5분 8리 7호'로 읽는다. 한편, '할푼리'는 비율을 나타낼 때 사용했다. 예를 들어 '3의 1/8(=0.125)은 0.375이다.'에서 1/8(=0.125)은 비율을 나타내고 0.375는 수이므로 다음과 같이 읽을 수 있다. '3의 1할 2푼 5리는 3분 7리 5호이다.'

역자 주해 2

작은 수의 명칭에서도 불교와 인도의 영향을 알 수 있는데, 수유부터 그 뜻을 알아보면 다음과 같다.

數詞	수사	뜻
須臾	수유	잠시
瞬息	순식	눈 깜빡할 사이
彈指	탄지	손가락을 튀길 동안
虛	허	비다
空	공	없다
淸	청	맑다
淨	정	깨끗하다

탄지와 허 사이에 刹那(찰나)와 六德(육덕)이 있다.

0-7. 구제율류(求諸率類) : 여러 비율 구하기

냥에서 수를 구할 때는 24를 곱하고	(兩求銖二十四乘)
수에서 냥을 구할 때는 24로 나눈다.	(銖求兩二十四除)
근에서 냥을 구할 때는 16을 곱하고	(斤求兩身外加六)
냥에서 근을 구할 때는 16으로 나눈다.	(兩求斤身外減六)
칭에서 근을 구할 때는 15를 곱하고	(秤求斤身外加五)
근에서 칭을 구할 때는 15로 나눈다.	(斤求秤身外減五)
물건을 가지고 돈으로 팔면 곱셈을 쓰고	(據物賣錢而用乘)
돈을 가지고 물건을 사면 나눗셈을 쓴다.	(據錢買物而用除)

• 역자 주해 1 •

무게의 중요한 단위를 환산하는 방법을 설명하고 있다. ≪0-9≫ 근칭기율로부터 위의 각 경우를 다음과 같이 확인할 수 있다.

- '1냥 = 4푼, 1푼 = 6수'이므로 '1냥 = 24수'이다. 그러므로 단위가 '냥'으로 나타낸 수량을 단위가 '수'인 수량으로 환산할 때는 24를 곱하고, 역으로 단위가 '수'인 수량을 단위가 '냥'인 수량으로 바꿀 때는 24로 나누어야 한다.
- '1근 = 16냥'이다. 단위가 '근'으로 나타낸 수량을 단위가 '냥'인 수량으로 환산할 때는 16을 곱하고, 역으로 단위가 '냥'으로 나타낸 수량을 단위가 '근'인 수량으로 바꿀 때는 16으로 나눈다.
- '1칭 = 15근'이다. 단위가 '칭'으로 나타낸 수량을 단위가 '근'인 수

량으로 환산할 때는 15를 곱하고, 역으로 단위가 '근'인 수량을 단위가 '칭'인 수량으로 바꿀 때는 15로 나눈다.

역자 주해 2

고대에는 곱셈과 나눗셈의 어려움을 극복하기 위해서 법, 즉 곱수(승수)와 나눗수(제수)의 크기와 형태에 따라 여러 가지 계산 방법을 개발하여 이용했다. 특히, 곱수의 가장 큰 자리의 수가 1인 경우의 곱셈인 '신외가법'과 나눗수가 이와 같은 경우의 나눗셈인 '신외감법'이 있다. 이에 대해서는 상❷ 「신외가법문」과 상❹ 「신외감법문」에서 각각 설명한다.

신외가법에 따라 '身外加六'은 '16을 곱한다', '身外加五'는 '15를 곱한다'를 뜻하며, 신외감법에 따라 '身外減六'은 '16으로 나눈다', '身外減五'는 '15로 나눈다'를 뜻한다.

0-8. 곡두기율(斛斗起率) : 말, 섬 등이 일어나는 비율

들이는 규에서 시작한다. 「(규는) 여섯 알갱이의 조이다.」
(量起於圭「六粒之粟」)

10규를 1촬이라 하고 (十圭謂之一撮)
10촬을 1초라 하고 (十撮謂之一抄)
10초를 1작이라 하고 (十抄謂之一勺)
10작을 1홉이라 하고 (十勺謂之一合)

10홉을 1되라 하고 (十合謂之一升)
10되를 1말이라 하고 (十升謂之一㪷)
10말을 1섬이라 한다. (十㪷謂之一斛)

역자 주해

들이의 단위 사이의 관계를 규정하고 있다. 이를 포함해서 다음에 소개하는 도량형의 단위는 『손자산경』과 『하우양산경』에도 있는데, 『한서』 「율력지」에 이미 나타났다.[32)]

여기서 㪷는 斗로, 斛은 石으로도 나타낸다. 이런 단위들은 벼를 포함한 곡식의 수량을 나타내는 데 사용되며, 기름과 같은 액체의 수량을 나타내는 데 사용된다.

이들 사이의 관계를 다음과 같이 정리할 수 있다.

섬(石)	말(斗)	되(升)	홉(合)	작(勺)	초(抄)	촬(撮)	규(圭)

1 섬 = 10 말 = 10^2 되 = 10^3 홉 = 10^4 작 = 10^5 초 = 10^6 촬 = 10^7 규

0-9. 근칭기율(斤秤起率) : 근, 칭 등의 비율

무게는 서[33)]에서 시작한다. 「(서는) 형체가 크고 조와 비슷하다.」
(衡起於黍「形大如粟」)

32) 차종천 편(2006), 「산경십서 하」, 『동양수학대계 II』, 교우사, 43~45면, 372~377면.
33) 기장 알.

10서를 1루라 하고	(十黍謂之一絫)
10루를 1수라 하고	(十絫謂之一銖)
6수를 1푼이라 하고	(六銖謂之一分)
4푼을 1냥이라 하고	(四分謂之一兩)
16냥은 1근이라 하고	(十六兩謂一斤)
15근을 1칭이라 하고	(十五斤謂一秤)
30근을 1균이라 하고	(三十斤謂一鈞)
4균을 1석이라고 한다.	(四鈞謂之一碩)
「1석의 무게는 120근이다.」	(「重一百二十斤」)

역자 주해 1

무게의 단위 사이의 관계를 규정하고 있다. '루'와 '서'를 제외하고, 이들 사이의 관계를 다음과 같이 정리할 수 있다.

석(碩) 균(鈞) 칭(秤) 근(斤) 냥(兩) 푼(分) 수(銖)
1 석 = 4 균 = 8 칭 = 120 근 = 1920 냥 = 7680 푼 = 46080 수

위의 단위 사이의 관계 중에서 근칭법 '1 칭 = 15 근'과 근양법 '1 근 = 16 냥', 양수법 '1 냥 = 24 수', 근수법 '1근 = 384수'가 특히 많이 사용된다.

문제 ≪상-3-7≫에서는 여기에서 언급하지 아니한 무게 단위 '리(裏)'를 이용하는데, '1리 = 2근 4냥 = 36냥'이다.

『산학계몽』에서는 금, 은 등의 무게를 나타낼 때는 단위 냥(兩)과 전(錢)을 기준으로 하여 푼, 리, 호 등을 다음과 같이 사용하고 있다.

1냥(兩) = 10전(錢), 1전 = 10푼(分), 1푼 = 10리(厘), 1리 = 10호(毫)

실제로 단위 '루'와 '서'에 대해 조선 최석정의 『구수략』에는 다음과 같은 문장이 있다.[34)]

후세에는 냥 아래 전, 푼, 리, 호가 있어 수와 루는 사용하지 않는다.
後世兩下有錢分釐毫不用銖絫

그리고 『구수략』 권형(權衡)에 따르면, 전 아래는 소수이다(錢下爲小數).[35)] 여기서는 단위 푼, 리, 호의 혼동을 피하기 위하여 다음과 같이 나타내기도 하겠다.

四錢二分五釐 → 4.25전

0-10. 단필기율(端匹起率) : 단, 필 등의 비율

길이는 홀에서 시작한다. 「(홀은) 누가 토해낸 실이다.」

34) 최석정 저, 정해남 · 허민 역(2006), 『구수략 건』, 교우사, 12면.
35) 최석정 저, 정해남 · 허민 역(2006), 『구수략 건』, 교우사, 17면.

	(度起於忽「蚕[36]吐之絲」)
10홀을 1사라 하고	(十忽謂之一絲)
10사를 1호라 하고	(十絲謂之一毫)
10호를 1리라 하고	(十毫謂之一釐)
10리를 1푼이라 하고	(十釐謂之一分)
10푼을 1치라 하고	(十分謂之一寸)
10치를 1자라 하고	(十寸謂之一尺)
10자를 1장이라 한다.	(十尺謂之一丈)
필율「혹 3장 2자 혹 2장 4자」	(匹率「或三丈二 或二丈四」)
단율「혹 50자 혹 4장 8자」	(端率「或五十尺 或四丈八」)

• 역자 주해 •

길이의 단위 사이의 관계를 규정하고 있다. '단'과 '필'을 제외한 나머지 단위는 십진법을 기준으로 하고 있다. 이들 사이의 관계를 다음과 같이 정리할 수 있다.

장(丈) 자(尺) 치(寸) 푼(分) 리(釐) 호(毫) 사(絲)

1 장 $= 10$ 자 $= 10^2$ 치 $= 10^3$ 푼 $= 10^4$ 리 $= 10^5$ 호 $= 10^6$ 사

단위 '단'과 '필'은 일정하지 않았고 시대에 따라 변한 것으로 보인다. 예를 들면, 『산학계몽』에서 1필은 '32자' 또는 '38자' 또는 '42자'와 같이 여러 가지로 사용되고 있다. 이에 따라 단위 '필'이 관련된 문제에서는 이를 명시하고 있다.

36) 蠶의 속자.

0-11. 전무기율(田畝起率) : 전, 무 등의 비율

넓이는 홀에서 시작한다.	「(홀은) 너비가 1치이고 길이가 6치다.」
	(田起於忽「闊一寸 長六寸」)
10홀을 1사라 하고	(十忽謂之一絲)
10사를 1호라 하고	(十絲謂之一毫)
10호를 1리라 하고	(十毫謂之一釐)
10리를 1푼이라 하고	(十釐謂之一分)
10푼을 1무라고 한다.	(十分謂之一畝)
100무를 1경이하 하고	(百畝謂之一頃)
300보를 1리라고 한다.*	(三百步謂一里)

「무법(畝法)을 살펴볼 때 너비가 1보이고 길이가 240보라면, 마땅히 한 변 5자가 1보이다. 이법(里法)에서 300보가 1리인 것은 마땅히 한 변 6자를 1보로 한 것이고, 만일 360보가 1리인 것은 마땅히 한 변 5자를 1보로 한 것이다.」

「按畝法闊一步長二百四十步 當自方五尺爲步也 其里法三百步爲里者 當自方六尺爲步 若三百六十步爲里者 當自方五尺爲步也」

역자 주해 1

넓이의 단위 사이의 관계를 규정하고 있다. 이들 사이의 관계를 다음과 같이 정리할 수 있다.

경(頃) 무(畝) 푼(分) 리(釐) 호(毫) 사(絲) 홀(忽)

1 경 $= 10^2$ 무 $= 10^3$ 푼 $= 10^4$ 리 $= 10^5$ 호 $= 10^6$ 사 $= 10^7$ 홀

넓이의 단위 畝를 '묘'로 읽는 경우가 많지만, 여기서는 '무'로 읽겠다.

역자 주해 2

주에서 설명한 대로, 길이의 단위와 넓이의 단위 사이의 관계는 다음과 같다.

1 홀 = 6 치 × 1 치 = 6 (제곱)치,

1 무 = 10^5 홀 = 6 × 10^5 (제곱)치 = 600000 (제곱)치,

1 무 = 600000 (제곱)치

= 6000 (제곱)자 ← [10 치 = 1 자, 100 (제곱)치 = 1 (제곱)자]

= 240 (제곱)보 ← [5 자 = 1 보, 25 (제곱)자 = 1 (제곱)보]

= 240 보 × 1 보

위에서 알 수 있듯이, 고대부터 산학에서는 길이의 단위 '치' '자' '보' 등이 그대로 넓이와 부피의 단위로 이용되고 있다. 그러므로 각 단위 명칭이 쓰이는 상황에 따라 해석에 유의해야 한다.

역자 주해 3

위에서 *로 표시한 문장 "300보를 1리라고 한다"는 그 앞과 뒤의 내용과 어긋나는 것으로 보인다. 여기서는 '1보 = 5자'로 생각하고 있기 때문에, "360보를 1리라고 한다."로 바꾸어야 한다.

위에서 알 수 있듯이, 1보가 5자인 경우와 6자인 경우가 있는 것으로 보인다. 그렇지만 각 경우에 1리를 360보와 300보로 생각하기 때문에 다

음과 같이 1리는 언제나 1800자이다.

'1보 = 5자'인 경우 : 1리 = 360보 = 1800자
'1보 = 6자'인 경우 : 1리 = 300보 = 1800자

실제로, 『산학입문』의 지율(地率)에 다음과 같은 설명이 있다.[37]

주공사마법에 의하면 6자가 1보이고, 당나라는 주나라 때의 1자 2치를 1자로 사용하였으므로 5자가 1보이고 240보가 1무이며 360보가 1리이다. 한편 말하기를 황제 때는 6자를 1보로 하였고 100보를 무로 하였다
周公司馬法 六尺爲一步 唐用周一尺二寸爲一尺 故五尺爲一步 二百四十步爲一畝 三百六十步爲一里 一云黃帝以六尺爲步 百步爲畝

0-12. 고법원율(古法圓率) : 고법의 원주율

원의 둘레가 3자이면, 지름은 1자이다.
周三尺 徑一尺

역자 주해 1

원의 반지름을 r 이라고 하면, 지름은 $d = 2r$ 이고 둘레는 $l = 2\pi r$ 이다. 그러므로 둘레가 3자이면, 즉 $2\pi r = 3$ 이면, 지름은 $2r = \frac{3}{\pi}$ 이다. 이것이

37) 황윤석 저, 강신원 · 장혜원 역(2006), 『산학입문』, 이수신편 제21권, 교우사, 40면.

1자이기 위해서는, 즉 $\frac{3}{\pi}=1$이기 위해서는 $\pi=3$이어야 한다. 이와 같이 고원경법, 간단히 '고법'에서는 원주율을 $\pi 1=3$으로 택한다.

• 역자 주해 2 •

왕감은 《하-2-6》의 주석에서 다음과 같이 말하고 있다.

> 고법으로 원의 넓이는 (외접하는) 정사각형 넓이의 $\frac{3}{4}$이다.
>
> 古法圓面積 得方面積四分之三

0-13. 유휘신술(劉徽新術) : 유휘의 새 방법

「유휘는 위나라 사람이다. 이 새로운 방법을 만들어서 원의 심원하고 정묘함을 연구하였다.」

「劉徽乃魏人也 立此新術 以究圓之幽微」

원의 둘레가 157자이면, 지름은 50자이다.

周一百五十七尺 徑五十尺

• 역자 주해 •

원의 반지름을 r 이라고 하면, 지름은 $d=2r$ 이고 둘레는 $l=2\pi r$ 이다. 그러므로 둘레가 157 자이면, 즉 $2\pi r=157$이면, 지름은 $2r=\frac{157}{\pi}$ 이다.

이것이 50자이기 위해서는, 즉 $\frac{157}{\pi}$ = 50이기 위해서는 π = $\frac{157}{50}$ = 3.14 이어야 한다. 이와 같이 유휘신술, 간단히 '휘술'에서는 원주율을 π2 = $\frac{157}{50}$ = 3.14로 택한다.

여기서 157을 휘주법, 50을 휘경법이라 하고, 이에 따른 지름을 휘경, 둘레를 휘주, 넓이와 부피를 휘적이라고 한다.

중국 삼국 시대의 위나라 사람인 유휘는 263년(경원 4년)에 『구장산술』의 주석을 썼다. 그의 또 다른 업적으로 현재까지 알려진 것은 『해도산경』인데, 이는 『구장산술』 제9권 <구고>의 부록 형식으로 쓰여졌으며, 본래는 "중차(重差)"라고 불렀으나 나중에 독립된 책 『해도산경』으로 엮어졌다.[38]

유휘는 『구장산술』 제1권 <방전>의 제31번과 제32번의 문제에 대한 주석에서 원주율의 근사값을 구하는 일반적인 방법을 제시했다. 그는 고법에 따라 계산한 원의 둘레가 실제로는 그 원에 내접하는 정육각형의 둘레임을 분명히 알고 있었다. 그리고 반지름이 1자(= 100치)인 원에 내접하는 정육각형, 정12각형, 정24각형, 정48각형, 정96각형, 정192각형의 넓이를 차례로 계산해서, 원의 넓이가 다음과 같음을 밝혔다.

$$314\frac{64}{625}(\text{제곱치}) < (\text{원의 넓이}) < 314\frac{169}{625}(\text{제곱치}),$$

$$3.1410249(\text{제곱자}) < (\text{원의 넓이}) < 3.142704(\text{제곱자})$$

그리고 편의에 따라 3.14(제곱자)를 취했다. 이는 원주율을 3.14로 택했음을 의미한다. 이런 원의 넓이 계산은, 원을 정다각형으로 세분해서 다루었다는 점에서 나중에 "할원술(割圓術)"이라 불렀다.[39]

38) 김용운 · 김용국(1996), 『중국수학사』, 민음사, 137면.

39) 원주율의 근사값을 구하는 유휘의 방법에 대한 자세한 설명은 다음을 보라.
Shen Kangshen · John N. Crossley · Anthony W.-C. Lun(1999), *The Nine Chapters on the*

0-14. 충지밀률(沖之密率) : 조충지의 정밀한 원주율

「충지의 성은 조이고 송나라의 남서주 종사관으로, 이 밀률을 만들고 또 원의 정묘함을 연구하였다.」

「沖之姓祖乃宋南徐州從事史 立此密率 亦究圓之微也」

원의 둘레가 22자이면, 지름은 7자이다.

周二十二尺 徑七尺

역자 주해

원의 반지름을 r 이라고 하면, 지름은 $d = 2r$ 이고 둘레는 $l = 2\pi r$ 이다. 그러므로 둘레가 22자이면, 즉 $2\pi r = 22$이면, 지름은 $2r = \frac{22}{\pi}$ 이다. 이것이 7 자이기 위해서는, 즉 $\frac{22}{\pi} = 7$이기 위해서는 $\pi = \frac{22}{7}$ 이어야 한다. 이와 같이 충지밀률, 간단히 '밀률'에서는 원주율을 $\pi 3 = \frac{22}{7} = 3.\dot{1}4285714\dot{3}$ 으로 택한다. 여기서 22를 밀주법, 7을 밀경법이라 하고, 이에 따른 지름을 밀경, 둘레를 밀주, 넓이와 부피를 밀적이라고 한다.

조충지는 중국 남북조 시대의 송나라 사람으로, 『철술(綴術)』을 저술했다. 『수서(隋書)』 「율력지」에 따르면, 조충지는 원주율을 3.145926과 3.145927 사이의 값으로 판정했으며, 근사값으로 (소수점 아래 여섯째 자리까지 정확한) 밀률(密率) $\frac{355}{113} = 3.141592\cdots$ 와 약률(約率) $\frac{22}{7}$ 을 찾았다고 한다. 왕감은 위의 주석에서 이를 확인하고 있다. 그런데 당 시대의 이순풍은 『구장산술』에

Mathematical Art, Oxford University, pp.87~117.

주석을 달면서, $\frac{22}{7}$ 을 반복해서 밀률이라고 불렀다.[40] 조선의 산학서에서도 $\frac{22}{7}$ 를 밀률이라 부르는 경우가 있다.

0-15. 명이명결(明異名訣) : 다른 이름 가결 설명

「이것은 모두 물시계와 관련된 수이다.[41] 수를 교묘하게 부르고 있다.」
「此乃刻漏之數 以巧呼之」

2분의 1을 중반이라 하고	(二分之一爲中半)
3분의 1을 소반이라 하고	(三分之一爲少半)
3분의 2를 태반이라 하고	(三分之二爲太半)
4분의 1을 약반이라 하고	(四分之一爲弱半)
4분의 3을 강반이라 한다.	(四分之三爲强半)

• 역자 주해 •

자주 이용되는 특별한 분수의 이름을 나열하고 있다.

40) 김용운 · 김용국(1996), 『중국수학사』, 민음사, 150~151면.
41) 다음에서 이에 관한 좀 더 자세한 설명을 찾아볼 수 있다. 차종천 편(2006), 「산경십서 하」, 『동양수학대계 II』, 교우사, 370면.

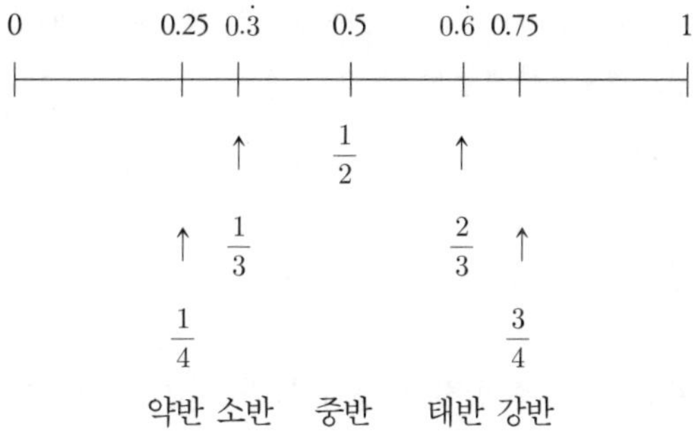

0-16. 명정부술(明正負術) : 양수와 음수 계산법을 밝힘

[뺄 때]	부호가 같으면 서로 빼고,	(其同名相減)
	부호가 다르면 서로 더한다.	(則異名相加)
	양수가 상대가 없으면 음수로 되고,	(正無人負之)
	음수가 상대가 없으면 양수로 된다.	(負無人正之)
[더할 때]	부호가 다르면 서로 빼고,	(其異名相減)
	부호가 같으면 서로 더한다.	(則同名相加)
	양수가 상대가 없으면 양수이고,	(正無人正之)
	음수가 상대가 없으면 음수이다.	(負無人負之)

「『구장산술』의 주를 보면 이렇게 말하고 있다. "두 가지 산대가 얻고 잃는 것이 서로 상반된다. … 양수의 산대는 빨간색, 음수의 산대는 검정색이다. 그렇지 않으면 비스듬하고 똑바른 것으로 차이 나게 한다. 사람이 없나는 것은 상대가 없다는 것이다. 얻은 것이 없는 것에서 빼는 것은 빼앗는 자를 그 자리에 있게 하는 것이다." 人(인)을 入(입)으로 쓰는 것은 그르다.」

「按九章註云 兩筭得失相返 要令正負以名之 正筭赤負筭黑 不則以邪正爲異其無人者爲無對也 無所得減則使消奪者居位也 人作入非」

역자 주해

동양 수학에서 음수의 출현은 방정식 풀이와 관련된다. 『구장산술』에서 양수와 음수의 가감 연산을 위한 법칙인 정부술이 등장하는 것 역시 제8권 <방정>이다. 방정술의 계산에서 양수와 음수의 자유로운 계산이 요구되므로 방정정부법이라 일컫는다.

『구장산술』에서 비롯되어 조선 시대의 산학서에서도 널리 인용되는 정부술은 다음과 같다. 위의 네 가지는 뺄셈 규칙, 아래의 네 가지는 덧셈 규칙에 해당한다. (여기서 $a>b$ 이다.)

同名相減 $\pm a-(\pm b)=\pm(a-b)$

異名相加 $\pm a-(\mp b)=\pm(a+b)$

正無負之 $0-(+b)=-b$

負無正之 $0-(-b)=+b$

異名相減 $\pm a+(\mp b)=\pm(a-b)$

同名相加 $\pm a+(\pm b)=\pm(a+b)$

正無正之 $0+(+b)=+b$

負無負之 $0+(-b)=-b$

두 수의 뺄셈에서 부호가 같으면 절대값을 빼고 부호가 다르면 절대값을 더한다(同減異加). 그리고 사람이 없다는 것은 상대가 없다는 것으로, '빼임수(피감수)가 없다면(0이라면)'의 뜻으로 −(양수)=음수, −(음수)=양수를 뜻한다. 그리고 부호가 같은 것을 同名, 부호가 다른 것을 異名

이라 하였다.

뺄셈에서와 마찬가지로, 덧셈에서도 절대값에 대한 설명에 해당한다. 부호가 같으면 절대값을 더하고 부호가 다르면 절대값을 뺀다(異減同加). 그리고 '상대가 없으면'은 '더하임수(피가수)가 없다면(0이라면)'의 뜻으로 +(양수)=양수, +(음수)=음수를 뜻한다.

0-17. 명승제단(明乘除段) : 곱셈과 나눗셈의 법칙 설명

길이와 너비를 서로 더한 것을 화라 하고 (長平相併曰和)
길이와 너비를 서로 뺀 것을 교라고 한다. (長平相減曰較)
길이와 너비를 서로 곱한 것을 적이라 하고 (長平相乘曰積)
스스로 서로 곱한 것을 멱이라고 한다. (自相乘之曰冪)
부호가 같은 것을 서로 곱하면 양수이고 (同名相乘爲正)
부호가 다른 것을 서로 곱하면 음수이다. (異名相乘爲負)
너비로 길이를 나누면 소장이고 (平除長爲小長)
길이로 너비를 나눈면 소평이다. (長除平爲小平)
소장과 소평을 서로 더한 것을 소화라 하고 (小長平相併曰小和)
소장과 소평을 서로 빼고 남은 것이 소교이다. (小長平相減餘小較)
소장과 소평을 서로 곱하면 1보를 얻고 소적이다. (小長平相乘得一步爲小積)

역자 주해

양수와 음수의 곱셈과 나눗셈 법칙을 설명하고 있다.

왕감의 설명과 같이,[42] 직사각형에서 긴 변을 길이(長), 짧은 변을 너비(平)로 나타내기로 한다. 위에서는 길이와 너비 사이의 합·차·곱·몫에 대한 용어를 정의하고 있다. 이는 길이를 a, 너비를 b로 나타낼 때, 다음과 같다.

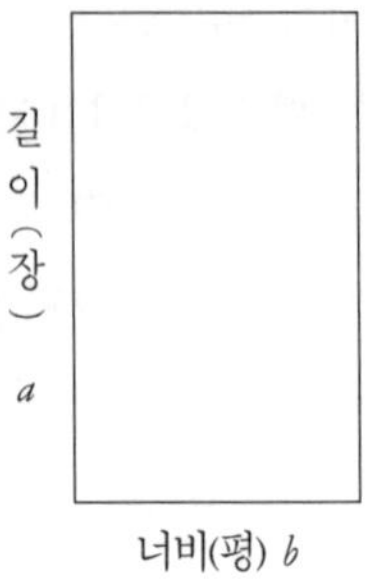

화: $a+b$, 교: $a-b$, 적: ab, 멱: a^2, b^2

소장: $\frac{a}{b}$, 소평: $\frac{b}{a}$, 소화: $\frac{a}{b}+\frac{b}{a}$, 소교: $\frac{a}{b}-\frac{b}{a}$

소적: $\frac{a}{b}\cdot\frac{b}{a}=1$

중간에서는 양수와 음수의 곱셈 규칙을 제시하고 있다. (여기서 a와 b는 양수이다.)

同名相乘爲正 $(\pm a)\times(\pm b)=+ab$

異名相乘爲負 $(\pm a)\times(\mp b)=-ab$

주세걸은 중국 수학의 역사에서 최초로 음수와 양수의 곱셈 법칙을 정식으로 제시했다. 그리고 소장과 소평이 서로 역수라는 것을 지적했는데, 역수의 기본 성질을 알고 있었음을 보여준다.[43]

---

42) 세로는 길이, 가로는 너비인데, 수가 큰 것이 길이고 수가 작은 것이 너비다. (縱者爲長 橫者爲平 數大爲長 數小則爲平)

43) 孔國平(2000),『李冶朱世杰与金元數學』, 河北科學技術出版社, 319면.

0-18. 명개방법(明開方法) : 개방법 설명

적을 실로 놓고 방, 염, 우와 함께 부호가 같으면 더하고 부호가 다르면 서로 빼서 방정식을 푼다.

置積爲實 及方廉隅 同加異減 開之

역자 주해

개방법은 다항 방정식(또는 고차 방정식)의 풀이의 뜻한다. 주세걸 시대에는 그 방법이 잘 알려져 있었다. 이에 따라 이를 구체적으로 설명하지 않고 요점만을 제시한 것으로 보인다. 위에서 실은 상수항, 방은 일차항(또는 그 계수), 우는 최고차항(또는 그 계수), 염은 방과 우 사이의 항(또는 그 계수)를 뜻한다.[44]

동아시아의 전통 수학에서는 양수 a의 제곱근을 이차 방정식 $x^2 = a$의 양수 해, 양수 a의 세제곱근을 삼차 방정식 $x^3 = a$의 양수 해로 생각했다. 이에 따라 제곱근 풀이를 방정식 풀이의 일부로 생각했다. 개방법에 대해서는 하❺ 「개방석쇄문」에서 자세히 설명한다.

이를테면 36의 제곱근, 즉 이차 방정식 $x^2 = 36$의 해와 64의 세제곱근, 즉 삼차 방정식 $x^2 = 64$의 해를 구하는 개념적인 과정은 다음과 같다.

---

44) 孔國平(2000), 『李冶朱世杰与金元數學』, 河北科學技術出版社, 319면.

〈36의 제곱근〉

상 실 36 방 우	→ 상을 6으로, 1을 우로 놓는다.	6 36 0 1	→ 상과 우의 곱을 방에 더한다.	6 36 6 1	→ 상과 방의 곱을 실에 서 뺀다	6 0 6 1	→ 실이 0 이므로	36의 제곱근은 6이다.

〈64의 세제곱근〉

상 실 64 방 염 우	→ 상을 4로, 1을 우로 놓는다.	4 64 0 0 1	→ 상과 우의 곱을 염에 더한다.	4 64 0 4 1	→ 상과 염의 곱을 방에 더한다.	4 64 16 4 1	→ 상과 방의 곱을 실에 서 뺀다.	4 0 16 4 1	→ 실이 0이므 로	64의 세 제곱근은 4이다.

신편 산학계몽 총괄 끝

(新編筭學啓蒙總括終)

신편 산학계몽 상

新編 筭學啓蒙 卷上

1

종횡인법문 여덟 문제

縱橫因法門 八問

여기서는 아래에서 설명할 한 자리 수를 곱하는 곱셈인 인법으로 해결할 수 있는 문제를 다루고 있다. 단위 수량의 값이 2문, 50냥 등과 같이 유효숫자가 한 개인 경우만을 생각하는데, 문제 ≪상-1-8≫의 뒤에 있는 저자의 해법에서 설명한 대로 주어진 물건 전체의 수량에 단위 수량의 값을 곱하여 물건 전체의 값을 구하고 있다.

이 방법은 위에서부터 곱한다.
다만 '십을 말하면' 자신을 넘는다.
'호여'는 원래 자리에 마땅히 써야 한다.
계산을 알면 종횡의 수목이 맞는다.

此法從來向上因 但言十者過其身
呼如本位須當作 知筭縱橫數目眞

• 역자 주해 1 •

위의 글은 한 자리 수를 곱하는 인법을 개략적으로 설명하고 있을 뿐이며, 실행 방법은 구체적으로 알려주지는 않는다.

위에서 '십을 말하면(言十)'은 곱셈 구구에서 '오·삼 십오(三五一十五)'와 같이 두 개의 한 자리 수의 곱이 '몇 십 얼마'와 같이 '십'을 말하는 경우를 뜻한다. 또, '호여'는 곱셈 구구에서 '二三如六(삼·이는 육)'와 같이 두 개의 한 자리 수의 곱이 한 자리 수가 되어 운을 맞추기 위해 써 넣은 '如(여)'를 부르는 경우를 말한다.

• 역자 주해 2 •

인법에 관한 좀 더 자세한 설명과 예를 조선 홍대용[1])의 『주해수용』[2]) 에서 인용하면 다음과 같다.[3])

1) 洪大容(1731~1783) : 조선 시대의 실학자로, 본관은 남양(南陽), 자는 덕보(德保), 호는 담헌(湛軒)·홍지(弘之).
2) 籌解需用 : 『담헌서(湛軒書)』의 外集 4, 5 6권에 실려 있는데, 수학과 천문학을 다루고 있다.

인법은 법이 한 자리 수인 것이다. 중격과 하격의 2격을 버리고, 실의 자릿수에 따라서 곱하여 10이 되면 위의 자리로 올리고 영수[일의 자리의 수]는 그 자리에 놓는다. 실의 가장 큰 자리의 수부터 시작해서 차례로 다음 자리로 옮겨간다. 이것이 간단하게 곱하는 빠른 방법이다.

因法者 法之單位者 去中下二格 就實呼乘因其位 而變之十數升上 零數當位從頭而下 此單乘之捷法也

정조 46섬이 있는데, 화법으로 한 섬을 20말이라고 하면 전체는 몇 말인가?

正租四十六石 每石和法二十斗法 文爲斗幾何

답 920말

答曰 九百二十斗

해법 46을 실로 놓는다. 「주: 단석으로부터 10말을 올려서 머리 숫자까지 이르면 100이 되고, 이 100말이 위가 된다.」 2를 법으로 한다. 「주: 격으로 놓지 않는다.」 실의 가장 큰 자리의 수부터 곱한다. 「주: 2 × 4 = 8, 2 × 6 = 12」 4는 변하여 8이 되고, 6은 변하여 12가 된다. 10으로 되는 것은 위의 자리로 올라가므로, 8은 9가 된다.

術曰 列四六爲實 「起十斗於單石至頭爲百 以百頭爲位」 以二爲法 「不列格」 從頭而乘之 「二四八○二六十二」 變四爲八 變六爲十二 十陞於上并八爲九

위의 예에서 알 수 있듯이, 인법은 한 자리 수뿐만 아니라 유효숫자가 한 개인 수를 곱하는 경우에도 이용한다. 해법에서 시행된 곱셈 46 × 20 = 460 × 2 = 920을 다음과 같이 나타낼 수 있다.

4 6	→ 자리 정하기	4 6 0	→ 2 × 4 = 8	8 6 0	→ 2 × 6 = 12	8 2 0 + 1	→ 8+1 = 9	9 2 0

3) 홍대용 저, 김동기 역(1974), 『주해수용』, 민족문화추진회, 24면.

『구수략』과 『산학입문』에서는 인법을 위와 반대 방향으로 시행한다. 즉, 곱하임수[실]의 가장 작은 자리의 수부터 곱한다. 『구수략』에서 64 × 6을 계산하는 과정을 인용하면 다음과 같다.4)

> 64를 원수5)로 삼고 6이 법이 된다. 먼저 4 × 6 = 24라고 부르면, 원래의 신 4가 변하여 2가 되고 아래 자리에 4를 더한다. 다음에 6 × 6 = 36이라고 부르면, 원래의 신 6이 변하여 3이 되고 아래 자리에 6을 더한다. 자리를 정하면, 괘수 아래 자리에 단수를 얻는다. 아울러 얻으면 384를 얻는다.

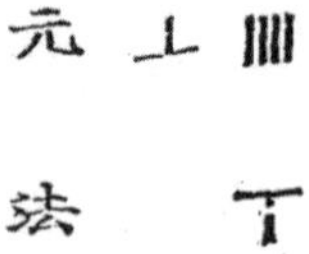

> *以六十四爲元數 以六爲法 先呼四六二十四 變本身四爲二 下位加四 次呼六六三十六 變本身六爲三 下位加六 定位卦數下位得單數 併得三百八十四合問*

작은 자리의 수부터 곱할 때는 곱한 결과를 한 자리씩 아래로 내려 적는다. 이는 아직 곱하지 않은 위의 자리의 수에 변화를 주지 않기 위한 것으로 보인다. 이렇게 시행된 곱셈 64 × 6 = 384를 다음과 같이 나타낼 수 있다.

6 4 6	→ 6 × 4 = 24	6 2 4 6	→	6 2 4 6	→ 6× 6 = 36	3 2 4 + 6	→	3 8 4

4) 최석정 저, 정해남 · 허민 역(2006), 『구수략 건』, 교우사, 60면.
5) 『구수략』에서는 실(곱하임수)을 원수라고 부른다.

수판셈

실의 작은 자리의 수부터 곱하는 방법은 수판셈의 (파)두승법(破頭乘法)에서 한 자리 수 곱하기와 일치한다.[6] 이 경우에는 위에서 알 수 있듯이, 어떤 자리와의 곱이 한 자리 수이면 그 자리는 0으로 바꾸고, 두 자리 수가 되면 그 자리는 곱의 십의 자리 수로 바꾼다.

수판셈의 신두승법(新頭乘法)[= 두미승법(頭眉乘法)]에서도 법의 가장 큰 자리의 수로 실의 가장 작은 자리의 수부터 곱하기 시작한다. 다만, 한 자리 수를 곱하는 경우에는, 곱한 결과를 (파)두승법보다 한 자리 더 아래에 놓고 원래 자리를 떤다. 즉, 두승법에서는 곱의 십의 자리가 원래 자리에 위치하는데, 신두승법에서는 곱의 십의 자리가 원래보다 오른쪽으로 한 자리 아래에 위치한다.

곱셈 523 × 4 = 2,092를 시행하는 과정을 제시하면 다음과 같다.[7]

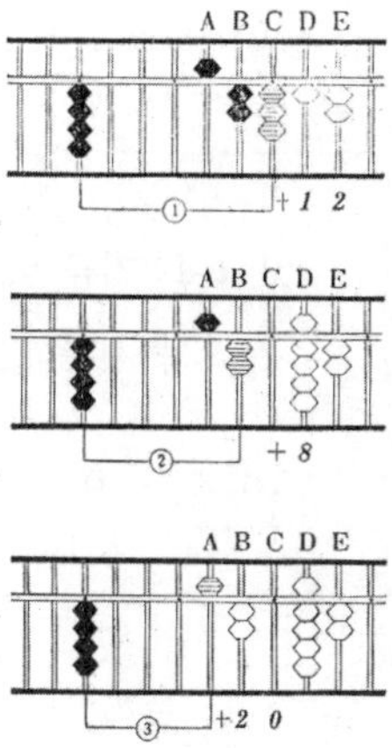

① 실의 끝수[가장 작은 자리의 수] 3과 법의 4를 곱하여 그 곱 12를, 실 3을 떨고 D 자리를 10위[십의 자리]로 DE 자리에 놓는다.

[주판면 52012]

② 실의 2와 법의 4를 곱하여 그 곱 8을, 실 2를 떨고 C 자리를 10위로 D 자리에 더한다.

[주판면 500092]

③ 실의 5와 법의 4를 곱하여 그 곱 20을, 실 5

---

6) 김순식(1967), 『상업 일반[제2차 교육 과정]』, 장왕사, 197 - 198면.
서정웅(1971), 『새로운 주산교본』, 문천사, 26면.

7) 조경하 · 김유송 · 홍봉선 · 전인재(1978), 『새 상업 계산』(제3차 교육과정, 1973.2.1 문교부 검정), 국정 교과서 주식회사, 32면.

를 떨고 B 자리를 10위로 BC 자리에 놓는다.

답 2,092

수판셈에서는 법을 왼쪽에 실은 오른쪽에 포수한다. 그리고 각 단계의 계산 결과로 실을 수정해서 최종적인 답을 얻으므로, 포수하는 경우에는 이격산이다.

역자 주해 5

이와 같이 인법은 실의 큰 자리의 수부터 곱하거나 작은 자리의 수부터 곱할 수 있다. 이런 점에서 제목 "종횡인법문"이 붙은 것 같다.

다음에 설명할 '신외가법'과 '유두승법'은 모든 산학서에서 법을 실의 작은 자리의 수부터 곱한다.

상-1-1. 지금 벼가 216말 있는데, 한 말의 값은 돈으로 2문이다. 돈으로 계산하면 얼마인가?

今有粟[8]二百一十六㪷 每㪷價錢二文 問計錢幾何

답 432문

答曰 四百三十二文

8) 속(粟)은 오곡(쌀, 보리, 콩, 조, 기장) 또는 곡류의 총칭으로 쓰이거나 벼 또는 찧지 아니한 곡식을 뜻한다. 여기서는 편의를 위해 '벼'로 번역한다.

역자 주해 1

편의를 위해 답을 얻는 계산 과정을, 다음과 같이 적절한 단위와 함께 오늘날의 기호로 요약하겠다.

216말 × 2문 / 말 = 432문

위에서 설명한 두 가지 인법에 따라 답을 구하면 다음과 같다.

2 1 6	→ 2 × 2 = 4	4 1 6	→ 1 × 2 = 2	4 2 6	→ 6 × 2 = 12	4 2 2 + 1	→ 2+1 = 3	4 3 2

2 1 6 2	→ 6 × 2 = 12	2 1 1 2 2	→ 1 × 2 = 02	2 0 1 2 + 2 2	→ 1+2 = 3	2 0 3 2 2	→ 2 × 2 = 04	0 0 3 2 + 4 2	→ 0+4 = 4	4 3 2

역자 주해 2

『산학입문』의 전율(錢率)에서는 돈의 단위에 대해 다음과 같이 말하고 있다.[9]

> 우리나라 동전은 상평통보[주: 즉, 대전]라 부르고 무게는 2전 5푼이고 100문을 냥이라 하고 10냥을 관이라 한다. 조선통보의 소전은 바로 400문을 냥이라 하고 1문의 무게는 6푼 2리 반이다. 우리나라에서 옛날부터 종이돈을 사용하였

9) 황윤석 저, 강신원 · 장혜원 역(2006), 『산학입문』, 이수신편 제21권, 교우사, 41~42면.

고 다시 상목으로 바뀌고 다시 상목이 엽전이 되었다. 『훈몽자회』에서 말하기를 초(鈔)는 곧 지전[10]이다.

10리는 1푼이다. [주: 이하는 앞을 보라.] 10푼은 1문이다. [주: 1매이다. 『훈몽자회』에서 말하기를 1자가 문이고 또 동전 1개가 1문이다.] 10문을 1전이라 한다. 100문을 1냥이라 한다. [주: 역시 환(環)이라 한다. 또한 환(鍰)이라고도 한다.] 1000문은 1관이다. [주: 10냥은 1관이고 바로 환(環)이다. 민이다. 강이다. 환(環), 환(繯)은 잘못된 것이다.] 10관은 1정이다. [주: 원나라 법이다.]

本國銅錢文曰常平通寶(卽大錢) 重二錢五分 百文爲兩 十兩爲貫 其朝鮮通寶小錢 則四百文爲兩 一文重六分二厘半 ○國舊用楮幣 變爲常木 常木又改爲錢 ○訓蒙字會曰鈔 [卽楮貨]

十厘曰分 [以下見上] 十分曰文 [一枚 訓蒙字會曰一字爲文 又銅錢一箇爲一文] 十文曰錢 百文曰兩 [亦曰環 亦作鍰] 千文曰貫 [十兩貫卽環也 緡也鏹也 環繯誤] 十貫曰定 [元法]

이 책에서 주로 사용되는 돈의 단위는 '관(貫)'과 '문(文)'이며, 위에서와 같이 '1관 = 1000문'이다.

상-1-2. 지금 실이 144냥 있는데, 한 냥의 값은 돈으로 300문이다. 돈으로 계산하면 얼마인가?

今有絲一百四十四兩 每兩價錢三百文 問計錢幾何

답 43관 200문

答曰 四十三貫 二百文

10) 종이돈, 지폐, 어음과 같은 유가 증권.

역자 주해

144냥 × 300문/냥 = 43200문 = 43관 200문

상-1-3. 지금 양이 354마리 있는데, 한 마리의 값은 돈으로 4관이다. 돈으로 계산하면 얼마인가?

今有羊三百五十四隻 每隻價錢四貫文 問計錢幾何

답 1416관

答曰 一千四百一十六貫

역자 주해

354마리 × 4관 / 냥 = 1416관

상-1-4. 지금 은이 547정 있는데, 한 정의 무게는 50냥이다. 냥으로 나타내면 얼마인가?

今有銀五百四十七鋌 每鋌重五十兩 問爲兩幾何

답 2만 7350냥

答曰 二萬七千三百五十兩

역자 주해

547정 × 50냥 / 정 = 27350냥

상-1-5. 지금 비단이 736필 있는데, 한 필의 값은 돈으로 6관이다. 돈으로 계산하면 얼마인가?

今有絹七百三十六匹 每匹價錢六貫文 問計錢幾何

답 4416관

答曰 四千四百一十六貫

역자 주해

736필 × 6관 / 필 = 4416관

상-1-6. 지금 삼이 892칭 있는데, 한 칭의 값은 돈으로 700문이다. 돈으로 계산하면 얼마인가?

今有麻八百九十二秤 每秤價錢七百文 問計錢幾何

답 624관 400문

答曰 六百二十四貫 四百文

역자 주해

892칭 × 700문 / 칭 = 624400문 = 624관 400문

상-1-7. 지금 베가 634자 있는데, 한 자의 값은 돈으로 80문이다. 돈으로 계산하면 얼마인가?

今有布六百三十四尺 每尺價錢八十文 問計錢幾何

답 50관 720문

答曰 五十貫 七百二十文

역자 주해

634자 × 80문 / 자 = 50760문 = 50관 760문

상-1-8. 지금 말이 425필 있는데, 한 필의 값은 돈으로 90관이다. 돈으로 계산하면 얼마인가?

今有馬四百二十五匹 每匹價錢九十貫 問計錢幾何

답 3만 8250관

答日 三萬八千二百五十貫

역자 주해

425필 × 90관 / 필 = 38250관

해법 물건의 수량을 위에 놓고 각각의 값으로 위에서부터 곱하면 앞의 물음에 합당한 답을 얻는다.

術日 列物數在上 各以價錢從上因之 卽得合前問

2

신외가법문 열한 문제

身外加法門 十一問

여기서는 아래에서 설명할 신외가법, 즉 곱수에서 가장 큰 자리의 숫자가 1인 곱셈으로 해결할 수 있는 문제를 다룬다. 단위 수량의 값이 17문, 110문 등과 같이 가장 큰 자리의 숫자가 1인 경우만을 생각하는데, 문제 ≪상-2-11≫ 뒤의 저자의 해법에서 밝힌 대로 물건의 수량에 단위 수량의 가격을 곱하여 전체의 가격을 구하거나 단위를 환산하는 문제를 다루고 있다.

> 계산 가운데 (신외)가법은 가장 칭찬할 만하다.
> '십을 말하면' 자리를 나아가 더한다.
> 다만 '호여'인 것은 자기 아래에 놓는다.
> 기준 단위는 법의 식을 따라 정하면 틀림이 없다.
>
> 筭中加法最堪誇 言十之時就位加
> 但遇呼如身下列 君從法式定無差

역자 주해 1

위의 글은 신외가법의 과정을 개략적으로 설명하고 있다. 『구수략』에서 365 × 15 = 5475를 계산하는 과정을 인용하면 다음과 같다.[1)]

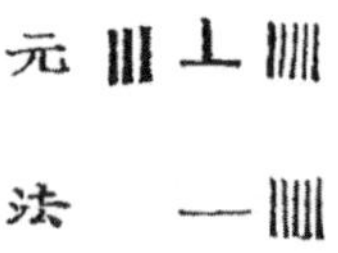

365가 원수가 되고 15가 법이 되면, 1을 사용하지 않고 단지 5를 사용한다. 먼저 5 × 5 = 25라고 부르면, 끝자리로 내려가서 원래 자리의 5에 2를 더하고 아래 자리에 5를 더한다. 다음에 5 × 6 = 30이라고 부르면, 다음자리로 나아가서 원래 자리의 6에 3을 더한다. 다음으로 3 × 5 = 15를 부르면, 머리자리로 나아가서 원래 자리의 3에 1을 더하고 아래 자리에 5를 더한다. 섬 아래 말의 자리를 정하면 단수를 얻는다. 아울러 5475를 얻는다.

以三百六十五爲元數 以一十五爲法 去一不用只用五 先呼五五二十五 就尾位五本位加二下位加五 次呼五六三十 就次位六本位加三 次呼三五一十五 次首位三本位加一下位加五 定位石下斗位得單數 併得五千四百七十五

위에서 시행된 곱셈을 다음과 같이 순차적으로 나타낼 수 있다.

---

1) 최석정 저, 정해남 · 허민 역(2006), 『구수략 건 · 곤』, 교우사, 61면.

3 6 5 1 5	→ 5×5 =25	3 6 5 + + 2 5 1 5	→ 5+2 =7	3 6 7 5 1 5	→ 5×6 =30	3 6 7 5 + + 3 0 1 5

→ 6+3=9 7+0=7	3 9 7 5 15	→ 3×5 =15	3 9 7 5 + + 1 5 1 5	→ 3+1=4 9+5=14	5 4 7 5 15

이와 같이 15의 곱셈은, 365와 5의 곱을 한 자리씩 내려서 365와 더하고 자리를 다시 정하는 과정과 같다. 이는 365와 10의 곱 3650에 365와 5의 곱을 더하는 과정과 일치한다. 이때, 법 15에서 1을 생략한 5를 생법이라 하기도 한다.

산대의 신외가법과 원리가 같은 수판셈으로 가승법이 있다. 가승법으로 곱셈 83 × 12 = 996을 시행하는 과정을 인용하면 다음과 같다.2)

83 × 12 = 83 × (10+2)이므로, 실은 이미 10배한 것으로 보고, 83 × 10의 계산은 생략하여 포수한 실에 83 × 2의 곱을 더하면 된다.

① 생법을 2로 하고, 실을 10배된 곱으로 보면, 곱의 단위는 C 자리가 된다.

② 실의 끝수 3과 생법의 2와 곱하여 그 곱 6을, B 자리를 10위로 C 자리에

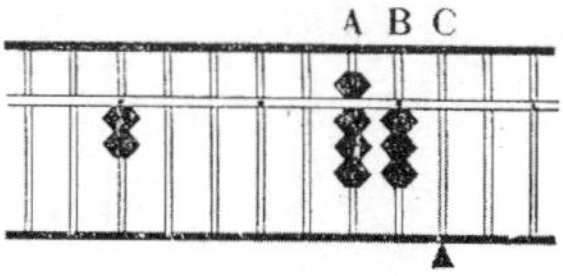

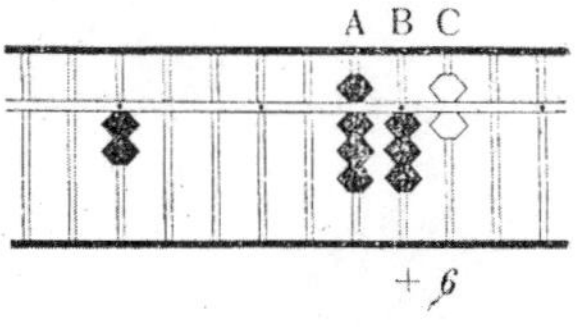

2) 조경하 · 김유송 · 홍봉선 · 전인재(1978), 『새 상업 계산』[제3차 교육 과정, 1973.2.1 문교부 검정], 국정 교과서 주식회사, 129~130면.

더한다. 이 경우 실의 3은 곱의 일부분이므로 빼지 않는다.

[수판면 836]

③ 실의 머릿수 8과 생법의 2와 곱하여 그 곱 16을, A 자리를 10위로 A 자리의 8은 빼지 않고 AB 자리에 더한다.

답 996

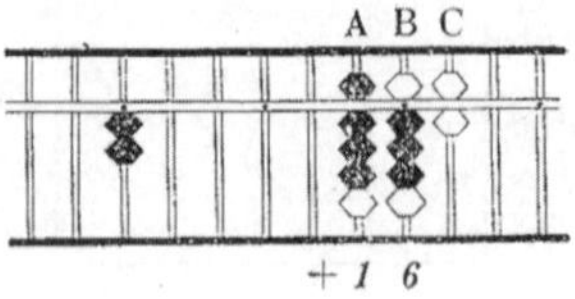

역자 주해 2

신외가법은 이전부터 전해진 계산법에 나중에 붙여진 이름인데, 이를테면 양휘(楊輝)는 『승제통변산보(乘除通變算寶)』 중권(中卷)에서 다음과 같이 가법오술(加法五術)을 기술하고 있다.

(1) 가일위(加一位) : 곱수가 11～19인 경우
(2) 가이위(加二位) : 곱수가 111～199인 경우
(3) 가격위(加隔位) : 곱수가 101～109인 경우
(4) 중가(重加) : $247 \times 195 = 247 \times 13 \times 15$와 같이 변환하여 계산하는 것
(5) 연신가(連身加) : 곱수가 21～29인 경우에 $29 \times 23 = 29 \times 13 + 29 \times 10$과 같이 계산하는 것

> **상-2-1.** 지금 쌀이 6섬 8말 4되 있는데, 한 말의 값은 돈으로 110문이다. 돈으로 계산하면 얼마인가?
>
> 今有米六碩八斗四升 每斗價錢一百一十文 問計錢幾何

답 7관 524문

答曰 七貫五百二十四文

• 역자 주해 •

≪0-8≫ 곡두기율에 의해 '6섬 8말 4되 = 68.4말'이고 한 말의 값이 110문이므로 다음을 얻는다.

6섬8말4되 × 110문/말 = 68.4말 × 110문/말 = (684 × 11)문 = 7524문
= 7관 524문

위에서 설명한 신외가법에 따라 답을 구하면 다음과 같다.

6 8 4 1 1	→ 4 × 1 = 4	6 8 4 + + 0 4 1 1	→ 4+0 = 4	6 8 4 4 1 1	→ 8 × 1 = 8	6 8 4 4 + + 0 8 1 1

→ 8+0 = 8 4+8 = 12	6 9 2 4 1 1	→ 6 × 1 = 6	6 9 2 4 + + 0 6 1 1	→ 6+0 = 6 9+6 = 15	7 5 2 4 1 1

상-2-2. 지금 얇은 비단이 34자 6치 있는데, 한 자의 값은 돈으로 120문이다. 돈으로 계산하면 얼마인가?

今有羅三十四尺六寸 每尺價錢一百二十文 問計錢幾何

답 4관 152문

答曰 四貫一百五十二文

역자 주해

≪0-10≫ 단필기율에 의해 '34자 6치 = 34.6자'이고 한 자의 값이 120문이므로 다음을 얻는다.

34자6치 × 120문 / 자 = 34.6자 × 120문 / 자 = (346 × 12)문 = 4152문
= 4관 152문

상-2-3. 지금 소금이 873자루 있는데, 한 자루의 값은 돈으로 13관이다. 돈으로 계산하면 얼마인가?

今有鹽八百七十三袋 每袋價錢一十三貫文 問計錢幾何

답 1만 1349관

答曰 一萬一千三百四十九貫

• 역자 주해 •

873자루 × 13관 / 자루 = 11349관

상-2-4. 지금 땅이 3경 24무 있는데, 한 무에 양곡으로 1되 4홉의 조세를 낸다. 양곡으로 계산하면 얼마인가?

今有地三頃二十四畝 每畝納粮[3]一升四合 問計粮幾何

답 4섬 5말 3되 6홉

答曰 四碩五㪷三升六合

• 역자 주해 •

≪0-11≫ 전무기율에 의해 '3경 24무 = 324무'이고 ≪0-8≫ 곡두기율에 의해 '1되 4홉 = 14홉'이므로 다음을 얻는다.

3경24무 × 1되4홉 / 무 = 324무 × 14홉 / 무 = 4536홉 = 4섬 5말 3된 6홉

3) '糧'과 같은 글자.

상-2-5. 지금 목향[4]이 198칭 있는데, 한 칭의 무게는 15근이다. 근으로 하면 얼마인가?

今有木香一百九十八秤 每秤重一十五斤 問爲斤幾何

답 2970근

答曰 二千九百七十斤

역자 주해

198칭 × 15근 / 칭 = 2970근

상-2-6. 지금 황랍이 3850근 있는데, 한 근의 무게는 16냥이다. 냥으로 하면 얼마인가?

今有黃蠟 三千八百五十斤 每斤重一十六兩 問爲兩幾何

답 6만 1600냥

答曰 六萬一千六百兩

4) 목향(木香) : 국화과의 여러 해 살이 풀, 밭에 재배하며 뿌리는 위장약·이뇨제로 쓰임.

• 역자 주해 •

3850근 × 16냥 / 근 = 61600냥

상-2-7. 지금 감귤이 436개 있는데, 한 개의 값은 돈으로 17문이다. 돈으로 계산하면 얼마인가?

今有柑子四百三十六枚 每枚價錢一十七文 問計錢幾何

답 7관 412문

答曰 七貫四百一十二文

• 역자 주해 •

436개 × 17문 / 개 = 7412문 = 7관 412문

상-2-8. 지금 군인이 3270명 있는데, 한 사람마다 양곡으로 1섬 8말을 지급한다. 양곡으로 계산하면 얼마인가?

今有軍人三千二百七十名 每名支粮一碩八㪷 問計粮幾何

답 5886섬

答曰 五千八百八十六碩

• 역자 주해 •

3270명 × 1섬8말 / 명 = 3270명 × 1.8섬 / 명 = (327 × 18)섬 = 5886섬

상-2-9. 지금 닭이 345마리 있는데, 한 마리의 값은 돈으로 190문이다. 돈으로 계산하면 얼마인가?

今有雞三百四十五隻 每隻價錢一百九十文 問計錢幾何

답 65관 550문

答曰 六十五貫五百五十文

• 역자 주해 •

345마리 × 190문 / 마리 = 65550문 = 65관 550문

상-2-10. 지금 일꾼과 장인을 합쳐서 538명 있다. 한 사람마다 품삯과 밥값을 돈으로 194문 지급한다. 돈으로 계산하면 얼마인가?

今有夫匠共五百三十八人 每人支工食錢一百九十四文 問計錢幾何

답 104관 372문

答曰 一百四貫三百七十二文

• 역자 주해 •

538명 × 194문명 = 104372문 = 104관 372문

상-2-11. 지금 무명이 3260필 있는데, 한 필의 값은 돈으로 1관 705문이다. 돈으로 계산하면 얼마인가?

今有木綿三千二百六十匹 每匹價錢一貫七百五文 問計錢幾何

답 5558관 300문

答曰 五千五百五十八貫三百文

• 역자 주해 •

3260필 × 1관705문 / 필 = 3260필 × 1705문 / 필 = 5558300문 = 5558관 300섬

해법 물건의 수량을 위에 놓고 각각의 금액을 법으로 하여 아래서부터 신외가하면 물음에 합당한 답을 얻는다.

術曰 列物數於上 各以價錢依法 從下身外加之 卽得合問

3

유두승법문 스무 문제

留頭乘法門 二十問

여기서는 곱수가 20 이상인 일반적인 경우의 곱셈인 유두승법으로 해결할 수 있는 문제를 다룬다. 조선의 산학서 『산학입문』과 『구수략』에서는 유두승법을 간단히 승법이라고 불렀다. 물론, 여기의 문제는 ≪0-1≫ 석구수법의 역자 주해 3에서 설명한 보승법으로 풀 수 있다. 대부분의 경우에 단위의 환산이 필요하다.

유두승법은 규모에서 다르다.
머리부터 시작해서 먼저 다음 자리를 곱한다.
'십을 말하면' 몸에 기대도록 자리를 띄운다.
머리자리에 두루 미쳤으면 쪼개진 자신을 펼친다.

留頭乘法別規模 起首先從次位呼
言十靠身如隔位 遍臨頭位破身鋪

역자 주해

위의 글은 유두승법을 개략적으로 설명하고 있다. 삼격산인 보승법에서는 법과 실의 가장 큰 자리의 수부터 곱하기 시작한다. 그런데 유두승법에서는 법에서 [가장 큰 자리인 머리 자리의 수를 유보하고] 두 번째로 큰 자리의 수부터 곱하기 시작한다. 위에서 "먼저 다음 자리를 곱한다(先從次位呼)"고 했는데, 황윤석은 『산학입문』에서 '다음 자리(次位)'가 '법의 다음 자리(法算次位)'라고 주석을 붙였다. 또, "몸에 기대도록(靠身)"에서 '몸(身)'은 '실이다(實也)'라고 주석을 붙였다. 이에 따라 유두승법에서는 법에서 두 번째로 큰 자리의 수와 실의 가장 작은 자리의 수를 곱하고 그 곱의 십의 자리의 수를 실의 바로 아래 자리에 위치시킨다.

다음은 『산학입문』에서 유두승법을 적용한 예이다.[1)]

지금 은이 36냥 5전 있다. 한 냥을 팔면 돈 2냥 5전이다. 모두 얼마인가? 「2자리 곱한다. 『상명산법』에 있다.」

今有銀三十六兩五錢 每兩賣鈔二兩五錢 問幾何「乘二位○詳明」

1) 황윤석 저, 강신원 · 장혜원 역(2006), 『산학입문』, 이수신편 제21권, 교우사, 68~69면.

답 91냥 2전 5푼 「유두승법으로 한다. 은의 수량을 실로, 한 냥의 값을 법으로 한다.」

答曰 九十一兩二錢五分 「留頭乘法 銀數爲實 兩價爲法」

5전		「5 × 5 = 25를 아랫자리에 놓는다. 다음에 본신을 바꾸어 2 × 5 = 10으로 한다.」
6냥		「5 × 6 = 30을 아랫자리에 놓는다. 다음에 본신을 바꾸어 2 × 6 = 12로 한다.」
30		「3 × 5 = 15를 아랫자리에 놓는다. 다음 본신을 바꾸어 2 × 3 = 6으로 한다. 3을 셈하여 6은 아랫자리에 놓는다.」
五錢	0.5	「五五下二十五於下位 次變本身作二五一十」
六兩	6	「五六下三十於下位 次變本身作二六一十二」
三十	30	「三五下一十五於下位 次變本身作二三如六 ○蓋起丁三數卻於下位下六」

위의 곱셈 36.5 × 2.5 = 91.25의 과정을 표로 만들면 다음과 같다. 여기서 법의 큰 자리의 수인 2가 아니라, 항상 그 아래 자리의 수인 5로 곱하기 시작한다.

365 25	→ 5 × 5 = 25	365.25 25	→ 5 × 2 = 10	361.25 + 0 25	→ 2+0 = 2	361.25 25	→ 6 × 5 = 30	361.25 + + 3 0 25	→ 1+3 = 4 2+0 = 2	364.25 25

→ 6 × 2 = 12	314.25 + 2 25	→ 4+2 = 6	316.25 25	→ 3 × 5 = 15	316.25 ++ 15 25	→ 1+1 = 2 6+5 = 11	331.25 25	→ 3 × 2 = 6	031.25 + 6 25	→ 3+6 = 9	9.125 25

『구수략』에서 예 216 × 345 = 74520을 유두승법으로 계산한 과정은 다음과 같다.[2] (단, 실의 십의 자리 1 및 백의 자리 2와 법의 곱셈은 결과만 제시한다.)

216 345	→ 6 × 4 = 24	21624 345	→ 6 × 5 = 30	21624 ++ 30 345	→ 4+3 = 7 0+0 = 0	216270 345	→ 6 × 3 = 18	211270 + 8 345	→ 2+8 = 10	212070 345

→ 1 × 345 = 345	202070 +++ 345 345	→ 2+3 = 5 0+4 = 4 7+5 = 12	205520 345	→ 2 × 345 = 690	005520 +++ 690 345	→ 0+6 = 6 5+9 = 14 5+0 = 5	074520 345

수판셈에서 이와 유사한 곱셈으로 신두승법(두미승법)이 있는데, 이 경우에는 법의 가장 큰 자리의 수부터 곱하고, 그 결과를 [10 이상일 때] 실의 바로 아래 자리에 위치시킨다. 예를 들어 23 × 52를 신두승법으로 계산하면 다음과 같다.[3]

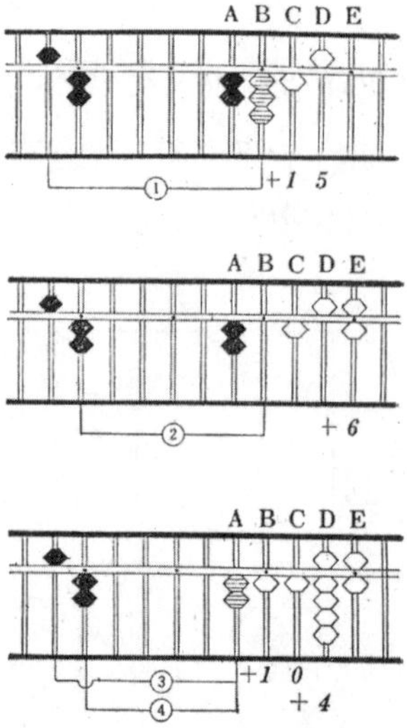

① 실의 끝수 3과 법의 머릿수[가장 큰 자리의 수] 5와 곱하여 그 곱 12를, 실 3을 기억하여 둔 후 떨고, C 자리를 10위로 CD 자리에 놓는다.

[주판면 2015]

2) 최석정 저, 정해남 · 허민 역(2006), 『구수략 건』, 교우사, 62~63면.
3) 조경하 · 김유송 · 홍봉선 · 전인재(1978), 『새 상업 계산』[제3차 교육 과정, 1973.2.1 문교부 검정], 국정 교과서 주식 회사, 33면.

② 기억한 실의 3을 법의 끝수 2와 곱하여 그 곱 6을, ①에서보다 1자리 오른쪽 D 자리를 10위로 E 자리에 놓는다.

[주판면 20156]

③ 실의 2와 법의 머릿수 5와 곱하여 그 곱 10을, 실 2를 기억하여 둔 후 떨고, B 자리를 10위로 BC 자리에 더한 다음, 계속 법의 끝 수 2와 곱하여 그 곱 4를 C 자리를 10위로 D 자리에 더한다.

답 1,196

수판셈의 신두승법은 계산의 편의를 위해 이전의 (파)두승법을 개선한 것으로 보이는데, 두승법에서는 각 곱의 위치가 신두승법보다 한 자리씩 앞에 놓인다.

상-3-1. 지금 흰콩이 84섬 있는데, 한 섬의 값은 돈으로 210문이다. 돈으로 계산하면 얼마인가?

今有白豆八十四斛 每斛價錢二百一十文 問計錢幾何

답 17관 640문

答曰 一十七貫六百四十文

해법 콩 84섬을 위에 놓고 섬의 값 210문으로 그것에 곱하면 문제에 맞는다.

術曰 列豆八十四斛於上 以斛價二百一十文乘之 合問

• 역자 주해 •

86섬 × 210문 / 섬 = 17640문 = 17관 640문

상-3-2. 지금 후추가 63근 4냥 있는데, 한 근의 값은 돈으로 380문이다. 돈으로 계산하면 얼마인가?

今有胡椒六十三斤四兩 每斤價錢三百八十文 問計錢幾何

답 24관 35문

答曰 二四貫三十五文

해법 후추의 수량을 놓고 근 미만의 냥을 환산해서 얻은 63.25근을 위에 놓자. 한 근의 값 380문으로 곱하면 문제에 맞는다.

術曰 列椒數 斤下留兩得六十三斤二分半 於上 以斤價三百八十文乘之 合問

• 역자 주해 •

≪0-3≫ 근하유법에 따라 '4냥 = 0.25근'이므로 다음을 얻는다.

63근4냥 × 380문 / 근 = 63.25근 × 380문 / 근 = 24035문 = 24관 35문

상-3-3. 지금 침향[4]이 9근 12냥 있는데, 한 근의 값은 돈으로 4관 500문이다. 돈으로 계산하면 얼마인가?

今有沈香九斤一十二兩 每斤價錢四貫五百文 問計錢幾何

답 43관 875문

答曰 四十三貫八百七十五文

해법 침향의 수량을 놓고 근 미만의 냥을 환산해서 얻은 9.75근을 위에 놓자. 한 근의 값 4관 500문으로 곱하면 문제에 맞는다.

術曰 列香數 斤下留兩得九斤七分五釐 於上 以斤價四貫五百文乘之合問

• 역자 주해 •

≪0-3≫ 근하유법에 따라 '12냥＝0.75근'이므로 다음을 얻는다.

9근12냥 × 4관500문 / 근 = 7.75근 × 4500문 / 근 = 43875문 = 43관 875문

4) 침향(沈香), 팥꽃나뭇과의 상록 교목, 곽란・심복통(心腹痛)・적취(積聚) 등에 약재로 쓰임.

상-3-4. 지금 솜이 23근 6냥 있는데, 한 냥의 값은 돈으로 54문이다. 돈으로 계산하면 얼마인가?

今有綿子二十三斤六兩 每兩價錢五十四文 問計錢幾何

답 20관 196문

答曰 二十貫一百九十六文

해법 솜 23근을 놓고 16을 곱해서 단위를 냥으로 환산한 답에 6냥을 더해 넣으면 모두 374냥을 얻는다. 그것을 위에 놓고 한 냥의 값 54문으로 곱하면 문제에 맞는다.

術曰 列綿子二十三斤 身外加六 通兩 答入六兩 共得三百七十四兩於上

以兩價五十四文乘之 合問

• 역자 주해 •

≪0-7≫ 구제율류와 ≪0-9≫ 근칭기율에 따라 '23근 = 23 × 16냥 = 368냥'이므로 다음을 얻는다.

23근6냥 × 54문 / 냥 = 374냥 × 54문 / 근 = 20196문 = 20관 196문

상-3-5. 지금 회향[5]이 5칭 8근 4냥 있는데, 한 근의 값은 돈으로 68문이다. 돈으로 계산하면 얼마인가?

今有茴香五秤八斤四兩 每斤價錢六十八文 問計錢幾何

답 5관 661문

答曰 五貫六百六十一文

해법 5칭을 놓고 15를 곱해서 근으로 환산한 답에 8근을 더해 넣는다. 근 미만의 4냥을 근으로 환산하면 모두 83.25근을 얻는다. 그것을 위에 놓고 한 근의 값 68문으로 곱하면 문제에 맞는다.

術曰 列五秤 身外加五 通斤 答入八斤 四兩斤下兩者留之 共得八十三斤二分半 於上 以斤價六十八文乘之 合問

역자 주해

≪0-7≫ 구제율류와 ≪0-9≫ 근칭기율에 따라 '5칭 = 5 × 15근 = 75근'이고 '4냥 = 4 ÷ 16근 = 0,25근'이므로 다음을 얻는다.

5칭8근4냥 × 68문 / 근 = 83.25근 × 68문 / 근 = 5661문 = 5관 661문

5) 회향(茴香), 미나릿과의 여러 해 살이 풀, 열매는 약재로 쓰며 기름을 짜고, 향신료도 쓰임.

상-3-6. 지금 편뇌[6]가 5근 7냥 18수 있는데, 한 수의 값은 은으로 쳐서 7리 2호이다. 은으로 쳐서 얼마인가?

今有片腦五斤七兩一十八銖 每銖直銀七釐二毫 問直銀幾何

답 15냥 1전 6푼 3리 2호

答曰 一十五兩一錢六分三釐二毫

해법 5근을 놓고 16을 곱해 냥으로 통일하고 7을 더하면 87냥을 얻는다. 24를 곱해서 얻은 수에 18수를 더해 넣으면 모두 2106수를 얻는다. 그것을 위에 놓고 7리 2호로 곱하면 문제에 맞는다.

術曰 列五斤 身外加六 通兩 內子七 得八十七兩 以二十四乘之得數 加入一十八銖 共得二千一百六銖 於上 以七釐二毫乘之 合問

• 역자 주해 •

≪0-7≫ 구제율류와 ≪0-9≫ 근칭기율에 따라 '5근 = 5 × 16냥 = 80냥'이고 '87냥 = 87 × 24수 = 2088수'이다. 또, ≪0-9≫ 근칭기율의 역자 주해 2에서 밝힌 대로 은의 무게는 '1냥 = 10전 = 100푼 = 1000리 = 10000호'이므로 다음을 얻는다.

1근=16냥 1냥=4푼 1푼=6수

5근7냥18수 × 7리2호 / 수 = 2106수 × 0.072전 / 수
= 151.632전 = 15냥 1전 6푼 3리 2호

6) 용뇌(龍腦), 용뇌수의 정유에서 얻은 무색 투명한 결정, 방충제 · 향장료 · 훈향용 · 먹의 향료 등에 쓰임.

상-3-7. 지금 관계[7]가 189리 있는데, 한 냥의 값은 돈으로 87문이다. 돈으로 계산하면 얼마인가? 「1리는 2근 4냥이다.」

今有官桂一百八十九裏 每兩價錢八十七文 問計錢幾何 「裏法二斤四兩」

답 591관 948문

答曰 六十九丈三尺四寸八分六氂

해법 전체 리를 놓고 리법 36냥을 곱하면 6804냥을 얻는다. 그것을 위에 놓고 한 냥의 값 87문으로 곱하면 얻은 것은 앞의 문제에 맞는다.

術曰 列共裏 以裏法三十六兩乘之 得六千八百四兩 於上 以兩價八十七文 乘之 卽得合前問

역자 주해

문제에 제시된 리법(裏法)에 따라 '1리 = 2근 4냥 = 36냥'이므로 다음을 얻는다.

189리 × 87문 / 냥 = 189 × 36냥 × 87문 / 냥 = 6804냥 × 87문 / 냥
= 591948문 = 591관 948문

7) 품질이 가장 좋은 계수나무의 두꺼운 껍질, 건위 강장제로 쓰임.

상-3-8. 지금 멥쌀이 8말 7되 4홉 있는데, 한 말은 찹쌀 9되 1홉과 바꾼다. 찹쌀은 얼마인가?

今有粳米八斗七升四合 每斗換糯米九升一合 問糯米幾何

답 7말 9되 5홉 3작 4초

答曰 七斗九升五合三勺四抄

해법 멥쌀 전체의 수량을 위에 놓고 9되 1홉으로 곱하여 얻은 것은 앞의 문제에 맞는다.

術曰 列粳米共數於上 以九升一合乘之 卽得合前問

• 역자 주해 •

≪0-8≫ 곡두기율에 따라 '8말 7되 4홉 = 8.74말'이고 '9되 1홉 = 0.91말'이므로 다음을 얻는다.

8말7되4홉 × 9되1홉 / 말 = 8.74말 × 0.91말 / 말 = 7.9534말 = 7말 9되 5홉 3작 4초

상-3-9. 지금 참깨가 6섬 8말 4되 있는데, 한 말로 기름 3근 12냥을 짠다. 기름을 짜면 얼마인가?

今有芝麻六碩八蚪四升 每蚪壓油三斤一十二兩 問壓油幾何

답 256.5근

答日 二百五十六斤半

해법 참깨 전체의 수량을 위에 놓고 3근 7분 5리로 곱한다. 「7분 5리라는 것은 12냥을 근으로 환산한 값이다.」 문제에 맞는다.

術日 列芝麻共數於上 以三斤七分五釐乘之 「七分五釐者 乃十二兩留數也」 合問

역자 주해

≪0-8≫ 곡두기율에 따라 '6섬 8말 4되 = 68.4말'이고 ≪0-3≫ 근하유법에 따라 '12냥 = 0.75근'이므로 다음을 얻는다.

6섬8말4되 × 3근12냥 / 말 = 68.4말 × 3.75근 / 말 = 256.5근

상-3-10. 지금 밀이 5섬 9말 2되 있는데, 한 말을 빻으면 밀가루 6근 14냥이다. 밀가루로 빻으면 얼마인가?

今有小麥五碩九斗二升 每斗磨麵六斤一十四兩 問磨麵幾何

답 407근

答曰 四百單七斤

해법 밀가루의 수량을 위에 놓고 6근 8분 7리 반으로 곱한다. 「8분 7리 반이라는 것은 14냥을 근으로 환산한 값이다.」 문제에 맞는다.

術曰 列麥數於上 以六斤八分七釐半乘之 「八分七釐半者 乃十四兩留數」 合問

역자 주해

≪0-8≫ 곡두기율에 따라 '5섬 9말 2되 = 59.2말'이고 ≪0-3≫ 근하유법에 따라 '14냥 = 0.875근'이므로 다음을 얻는다.

5섬9말2되 × 6근14냥 / 말 = 59.2말 × 6.875근 / 말 = 407근

상-3-11. 지금 녹두가 32섬 7말 3되 있는데, 한 말은 가루 5근 6냥을 만든다. 가루로 만들면 얼마인가?

今有菉豆三十二碩七㪷三升 每㪷造粉五斤六兩 問造粉幾何

답 1759근 3냥 8전

答曰 一千七百五十九斤三兩八錢

해법 녹두의 수량을 위에 놓고 5근 3분 7리 반으로 곱한다.「3분 7리 반이라는 것은 6냥을 근으로 환산한 값이다.」근 미만의 값에 16을 곱하면 냥이 된다. 문제에 맞는다.

術曰 列豆數於上 以五斤三分七釐半乘之「三分七釐半者 乃六兩留數也」斤下分者 身外加六爲兩 合問

역자 주해

≪0-8≫ 곡두기율에 따라 '32섬 7말 3되 = 327.3말'이고 ≪0-3≫ 근하유법에 따라 '6냥 = 0.375근'이므로 다음을 얻는다.

32섬7말3되 × 5근6냥 / 말 = 327.3말 × 5.375근 / 말 = 1759.2375근
= 1759근 0.2375 × 16냥 = 1759근 3.8냥 = 1759근 3냥 8전

상-3-12. 지금 감초가 9765근 10냥 있는데, 한 근으로 명주 1자 2푼 4리를 얻는다. 명주로 얻으면 얼마인가?

今有甘草九千七百六十五斤一十兩 每斤博絹一尺二分四釐 問博絹幾何

답 1만 자

答曰 一萬尺

해법 감초 전체의 수량을 놓고 근 미만은 환산해서 위에 놓고 1자 2푼 4리를 곱하면 문제에 맞는다.

術曰 列甘草共數 斤下留兩 於上 以一尺單二分四釐乘之 合問

• 역자 주해 •

≪0-3≫ 근하유법에 따라 '10냥 = 0.625근'이고 ≪0-10≫ 단필기율에 따라 '1자 2푼 4리 = 1.024자'이므로 다음을 얻는다.

9765근10냥 × 1자2푼4리 / 근 = 9765.625근 × 1.024자 / 근 = 10000자

상-3-13. 지금 백단[8]이 4882근 13냥 있는데, 한 근의 값은 돈으로 4관 96문이다. 돈은 얼마인가?

今有白檀四千八百八十二斤一十三兩 每斤價錢四貫九十六文 問錢幾何

답 2만 관

答曰 二萬貫

해법 백단 전체의 수량을 놓고 근 미만을 환산해서 위에 놓고 4관 96문으로 곱하면 문제에 맞는다.

術曰 列白檀共數 斤下留兩 於上 以四貫九十六文乘之 合問

역자 주해

≪0-3≫ 근하유법에 따라 '13냥 = 0.8125근'이므로 다음을 얻는다.

4882근13냥 × 4관96문 / 근 = 4882.8125근 × 4.096관 / 근 = 20000관

8) 백단(白檀) = 백단향(白檀香), 단향과의 상록 활엽 소교목, 향료 · 약품 · 세공물 등에 쓰임.

상-3-14. 지금 기장이 3662섬 1말 9홉 3작 7초 5촬 있는데, 한 말은 보리 8되 1홉 9작 2초와 바꾼다. 보리로 바꾸면 얼마인가?

今有黍三千六百六十二碩一斟九合三勺七抄五撮　每斟對麥八升一合九勺二抄 問對麥幾何

답 3만 말

答曰 三萬斟

해법 기장 전체의 수량을 위에 놓고 8되 1홉 9작 2초로 곱하면 문제에 맞는다.

術曰 列共黍於上 以八升一合九勺二抄乘之 合問

역자 주해

≪0-8≫ 곡두기율에 따라 '3662섬 1말 9홉 3작 7초 5촬 = 36621. 09375말'이고 '8되 1홉 9작 2초 = 0.8192말'이므로 다음을 얻는다.

3662섬1말9홉3작7초5촬 × 8되1홉9작2초 / 말 = 36621.09375말 × 0.8192말 / 말 = 30000말

상-3-15. 지금 벼가 7만 8125섬 있는데, 한 말은 쌀 5되 1홉 2작이 된다. 쌀은 얼마인가?

今有粟七萬八千一百二十五碩 每㪷爲御米五升一合二勺 問米幾何

답 4만 섬

答曰 四萬碩

해법 벼 전체의 수량을 위에 놓고 5되 1홉 2작으로 곱하면 문제에 맞는다.

術曰 列共粟於上 以五升一合二勺乘之 合前問

역자 주해

≪0-8≫ 곡두기율에 따라 '7만 8125섬 = 781250말'이고 '5되 1홉 2작 = 0.512말'이므로 다음을 얻는다.

7만8125섬 × 5되1홉2작 / 말 = 781250말 × 0.512말 / 말 = 400000말
= 40000섬

상-3-16. 지금 강진[9]이 24만 4140근 10냥 있는데, 한 근은 은으로 치면 2전 4리 8호다. 은으로 치면 얼마인가?

今有降眞二十四萬四千一百四十斤一十兩　每斤直銀二錢四釐八毫問直銀幾何

답 5만 냥

答曰 五萬兩

해법 강진 전체의 수량을 놓고 근 미만은 환산해서 위에 놓는다. 2전 4리 8호로 곱하면 문제에 맞는다.

術曰 列降眞共數 斤下留兩 於上 以二錢四釐八毫乘之 合問

역자 주해

≪0-3≫ 근하유법에 따라 '10냥 = 0.625근'이고 ≪0-9≫ 근칭기율의 역자 주해 2에서 밝힌 대로 은의 무게는 '2전 4리 8호 = 2.048전 = 0.2048냥'이므로 다음을 얻는다.

24만4140근10냥 × 2전4리8호 / 근 = 244140.625근 × 0.2048냥 / 근 = 50000냥

9) 강진향(降眞香)의 준말, 향이 한 가지로, 오키나와, 태국, 중국 등지에서 많이 남.

상-3-17. 지금 소금이 1920인 있는데, 한 인은 황랍[10] 31근 4냥과 바꾼다. 황랍으로 바꾸면 얼마인가?

今有鹽一千九百二十引 每引換黃蠟三十一斤四兩 問換黃蠟幾何

답 6만 근

答曰 六萬斤

해법 전체 소금의 인수를 위에 놓고 31근 2분 반으로 곱하면 문제에 맞는다.

術曰 列共鹽引數 於上 以三十一斤二分半乘之 合問

역자 주해

《0-3》 근하유법에 따라 '4냥 = 0.25근'이므로 다음을 얻는다.

1920인 × 31근4냥 / 인 = 1920인 × 31.25근 / 인 = 60000근

10) 밀(蜜), 꿀벌이 분비하여 벌집의 주성분이 되는 물질.

상-3-18. 지금 가는 실이 1953근 2냥 있는데, 한 근은 은으로 치면 1냥 11수 8루 4서다. 은으로 치면 몇 수인가?

今有細絲一千九百五十三斤二兩　每斤直銀一兩一十一銖八絫四黍 問直銀幾銖

답 7만 수

答曰 七萬銖

해법 가는 실 전체의 수량을 놓고 근 미만을 환산해서 위에 놓는다. 1냥을 놓고 24수로 곱하고 11수를 더하면 모두 35수 8루 4서를 얻는다. 그것을 곱하면 문제에 맞는다.

術曰 列細絲共數 斤下留兩 於上 列一兩 以二十四銖通之 內子 共得 三十五銖八絫四黍 乘之 合問

역자 주해

≪0-3≫ 근하유법에 따라 '2냥 = 0.125근'이고 ≪0-9≫ 근칭기율에 따라 '1냥 11수 8루 4서 = 35.84수'이므로 다음을 얻는다.

1953근2냥 × 1냥11수8루4서 / 근 = 1953.125근 × 35.84수 / 근 = 70000수

상-3-19. 지금 황금이 1만 2800냥 있는데, 한 냥은 땅 6무 2푼 5리를 산다. 땅을 사면 얼마인가?

今有黃金一萬二千八百兩 每兩買地六畝二分五釐 問買地幾何

답 8만 무

答曰 八萬畝

해법 금의 수량을 위에 놓고 6무 2푼 5리로 곱하면 문제에 맞는다.

術曰 列金數於上 以六畝二分五釐乘之 合前問

역자 주해

≪0-11≫ 전무기율에 따라 '6무 2푼 5리 = 6.25무'이므로 다음을 얻는다.

1만2800냥 × 6무2푼5리 / 냥 = 12800냥 × 6.25무 / 냥 = 80000문

상-3-20. 지금 밭이 156경 25무 있는데, 한 무는 벼를 5섬 7말 6되 거두어들인다. 벼를 거두어들이면 얼마인가?

今有田一百五十六頃二十五畝 每畝收稻五斛七斗六升 問收稻幾何

답 9만 섬

答曰 九萬斛

해법 밭의 무수를 위에 놓고 5섬 7말 6되로 곱한다. 「통틀어 앞의 문제들은 나눗셈으로 환원된다. 처음 배우는 자를 가르치고 인도해서 가감승제를 연습하고 익숙해지도록 힘쓰고 그것을 응용한다.」

術曰 列田畝數於上 以五斛七㪷六升乘之 「通前之問還源於除法 內訓導初學務要演熟乘除加減引而伸之」

역자 주해

≪0-11≫ 전무기율에 따라 '156경 25무 = 15625무'이고 ≪0-8≫ 곡두기율에 따라 '5섬 7말 6되 = 5.76섬'이므로 다음을 얻는다.

156경25무 × 5섬7말6되 / 무 = 15625무 × 5.76섬 / 무 = 90000섬

4

신외감법문 열한 문제

身外減法門 十一問

여기서는 아래에서 설명할 신외감법, 즉 나눗수에서 가장 큰 자리의 숫자가 1인 나눗셈으로 해결할 수 있는 문제들을 다룬다. 문제 ≪상-4-11≫의 뒤에 있는 저자의 해법에서 밝힌 대로, 돈 전체를 물건의 단위 가격으로 나누어 구매할 수 있는 물건의 개수를 구하거나 물건 전체를 일정하게 분배하거나 단위를 환산하는 경우의 나눗셈 문제를 다룬다.

(신외)감법은 근원을 반드시 알아야 한다.
곧 '구일'과 같으니 일반적으로 유추한다.
'호여'는 자신 아래에서 마땅히 빼야 한다.
'십을 말하면' 자신에 따라 본래의 자리를 제한다.

減法根源必要知 卽同求一一般推
呼如身下須當減 言十從身本位除

역자 주해 1

위의 글은 신외감법을 개략적으로 설명하고 있다.

위에서 '구일'은 곱셈과 나눗셈에서 곱수(승수)와 나눗수(제수)의 가장 큰 자리의 수를 1로 만들어 계산하는 방법이다. 다음은 『익산(상편)』 번역서에서 인용한 것이다.1)

$a\times b\,(a\div b)$에서 b의 첫 자리의 수가 5~9 사이인 경우 $a\times b=\frac{a}{2}\times 2b$ $(2a\div 2b)$로 계산하고, b의 첫 자리의 수가 2나 4인 경우는 $a\times b=2a\times\frac{b}{2}$ $(a\div b=\frac{a}{2}\div\frac{b}{2})$, 혹은 $a\times b=4a\times(\frac{b}{2}\div 2)\,(a\div b=\frac{a}{4}\div(\frac{b}{2}\div 2))$로 계산하는 방법이다. 이를 득일술(得一術) 또는 구일술(求一術)이라 하고, 지금은 소실된 강본(江本)의 『일위산법(一位算法)』과 진종운(陳從運)의 『득일산경(得一算經)』에 들어있다고 『신당서예문지(新唐書藝文志)』에 언급되어 있다.

예를 들면 다음과 같다.

1) 이상혁 저, 홍성사 역(2006), 『익산(상편)』, 교우사, 11~12면.
이에 대한 설명을 다음에서 찾을 수 있다. 양휘 저, 차종천 역(2006), 『양휘산법』, 동양수학대계 V, 교우사, 59~73면; 李儼・杜石然 저, J.N. Crossley・A.W.-C. Lun 역(1987), 『中國 數學 / *Chinese Mathematics-A concise history*』, Clarendon Press, pp.178~179.

$274 \times 52 = (274 \div 2) \times (52 \times 2) = 137 \times 104$

역자 주해 2

신외감법을 신외감법을 정신제법(定身除法)이라고도 하는데, 다음은 『주해수용』에서 인용한 이에 관한 설명과 문제의 예이다.2)

정신제라는 것은 법의 머릿수 1을 제외하고 구하는 것을 말하며, 우선 신(身)을 정하고 다음에 [곱한 결과를 실에서] 빼는 방법이다. 법이 두 자리 수이고 머릿수가 1이면 역시 실을 일격으로 나열하여 실의 머리 숫자를 관찰하여 몫(商)인 신을 정하고 법의 머릿수 1을 제외하고 그 나머지 수로 신과 곱하고 「주 : 곱셈 구구로」 자리를 맞추어서 실수에서 뺀다. 이것은 상제의 지름길 방법이며, [신외]가법의 환원이다. 세 자리 이상의 수에도 역시 사용할 수 있는데, 단 이격이 되고 법은 역시 그 머리 숫자가 1이어야 하며 같은 방법으로 몫(商身)을 구한다.

定身除者 一曰求一除 先定身 而後除之也 法之有兩位而頭位爲一數者 亦列實一格 取其頭位商定身數 去法頭一耳乙 其餘與身相呼「九九數」照位除實 此商除之捷法 加法之還原也 三位以上亦可用 但爲二格 法數在下以頭一呼實而商身

쌀 480말을 15말마다 한 섬으로 한다면, 몇 섬이 되는가?
米四百八十斗 每十五斗作一石 問爲石幾何

답 32섬
答曰 三十二石

해법 48을 실로 하고 [15 중에서 1을 제외한] 5를 법으로 하여, 실에 따라 몫

2) 홍대용 저, 김동기 역(1974), 『주해수용』, 민족문화추진회, 39~40면.

인 신을 3으로 정하고 3과 5를 곱한 결과를 실에서 뺀다. 「주: 3×5 = 15」 그러면 실의 나머지는 30말이다. 신 2를 정하여 빼면 「주: 2×5 = 10」 완전히 없어진다.

術曰 四八爲實 以五爲法 就實商定定身三而除之「三五十五」實餘三十斗 定身二而除之「二五十」恰盡

위의 설명에 따르면, 신외가법은 몫(商)인 신(身)을 정하고 이를 [나눗수의 가장 큰 자리의 수 1을 제외한] 나머지와 곱해서 나뉨수[실]에서 빼는 과정을 반복하는 나눗셈이다. 위에서 시행한 나눗셈 480 ÷ 15 = 32 … 0을 다음과 같이 순차적으로 나타낼 수 있다.

4 8 0	→	(3+1) 8 0	→	3 3 0	→	3 (2+1) 0	→	3 2 0
	신: 3 3×5 = 15	1 5			신: 2 2×5 = 10	1 0		
1 5		1 5		1 5		1 5		1 5

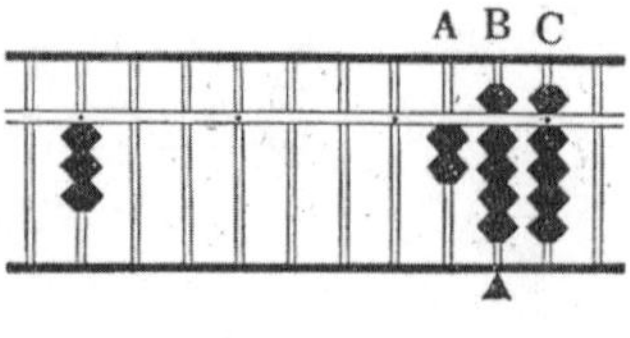

산대의 신외감법과 원리가 같은 수판셈으로 감제법이 있다. 감제법으로 나눗셈 299 ÷ 13 = 23을 시행하는 과정을 인용하면 다음과 같다.[3)]

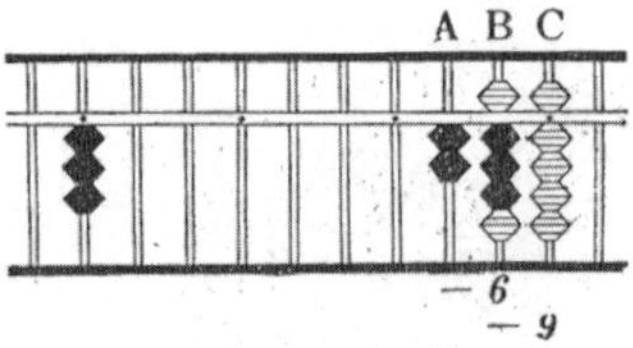

299 ÷ 13 = 299 ÷ (10+3)이므로, 실 299는 이미 10으로 나눈 것으로 보고, 실로부터 가정한 상과 생법의 3과의 곱을 빼면 된다.

3) 조경하 · 김유송 · 홍봉선 · 전인재(1978), 『새 상업 계산』[제3차 교육 과정, 1973.2.1 문교부 검정], 국정 교과서 주식회사, 135면.

① 생법을 3으로 하고, 실을 10으로 나눈 것으로 보면, 상의 단위를 B 자리가 된다.

② 실의 머릿수 2를 그대로 상으로 가정하고, 생법 3과 곱하여 그 곱 6을, A 자리를 10위로 B 자리에서 뺀 다음, 나머지 실의 머릿수 3을 그대로 상으로 가정하고, 생법 3과 곱하여 그 곱 9를, B 자리를 10위로 C 자리에서 뺀다.

답 23

상-4-1. 지금 돈이 7관 524문 있는데, 참깨를 사들이려고 한다. 한 말의 값은 돈으로 110문이다. 얻는 것은 얼마인가?

今有錢七貫五百二十四文 欲糴芝麻 每㪷價錢一百一十文 問得幾何

답 6섬 8말 4되

答曰 六碩八㪷四升

역자 주해

7관524문 ÷ 110문 / 말 = 7524문 ÷ 110문 / 말 = 68.4말 = 6섬 8말 4되

상-4-2. 지금 돈이 4관 152문 있는데, 붉은 무늬 비단을 끊으려고 한다. 한 자의 값은 돈으로 120문이다. 얻는 것은 얼마인가?

今有錢四貫一百五十二文 慾截紅綾 每尺價錢一百二十文 問得幾何

답 34자 6치

答曰 三十四尺六寸

• 역자 주해 •

4관152문 ÷ 120문 / 자 = 34.6자 = 34자 6치

상-4-3. 지금 돈이 1만 1349관 있는데, 좋은 차를 사려고 한다. 한 인의 값은 돈으로 13관이다. 얻는 것은 얼마인가?

今有錢一萬一千三百四十九貫 欲買高茶 每引價錢一十三貫文 問得幾何

답 873인

答曰 八百七十三引

역자 주해

11349관 ÷ 13관 / 인 = 874인

상-4-4. 지금 땅이 있는데, 몇 무인지 적혀 있지 않다. 다만 한 무에 세금으로 양곡 1되 4홉을 낸다고 한다. 지금 모두 4섬 5말 3되 6홉을 세금으로 냈다. 땅은 얼마인가?

今有地不記畝數 只云每畝納稅粮一升四合 今共納四碩五斗三升六合 問地幾何

답 3경 24무

答曰 三頃二十四畝

역자 주해

4섬5말3되6홉 ÷ 1되4홉 / 무 = 4536홉 ÷ 14홉 / 무 = 324무 = 3경 24무

상-4-5. 지금 치자[4]가 2970근 있는데, 한 칭의 무게는 15근이다. 칭으로 하면 얼마인가?

今有梔子二千九百七十斤 每秤重一十五斤 問爲秤幾何

답 198칭

答曰 一百九十八秤

• 역자 주해 •

2970근 ÷ 15근 / 칭 = 198칭

> **상-4-6.** 지금 실이 6만 1600냥 있는데, 한 근의 무게는 16냥이다. 근으로 하면 얼마인가?
>
> 今有絲六萬一千六百兩 每斤重一十六兩 問爲斤幾何

답 3850근

答曰 三千八百五十斤

• 역자 주해 •

61600냥 ÷ 16냥 / 근 = 3850근

4) 치자나무의 열매. 황적색의 물감을 취하며, 이뇨·눈병·황달 등의 약재로 쓰임.

상-4-7. 지금 전이 7관 412문 있는데, 17명으로 하여금 그것을 나누게 하고자 한다. 각 사람이 얻은 것은 얼마인가?

今有錢七貫四百一十二文 欲令一十七人分之 問人得幾何

답 436문

答曰 四百三十六文

역자 주해

7관412문 ÷ 17명 = 7412문 ÷ 17명 = 436문 / 명

상-4-8. 지금 양곡이 5886섬 있는데, 가난하고 어려운 집에 한 집마다 1섬 8말씩 주려고 한다. 나누어줄 집은 얼마인가?

今有粮五千八百八十六碩 欲給貧難 每戶一碩八斗 問戶給幾何

답 3270호

答曰 三千二百七十戶

역자 주해

5886섬 ÷ 1섬8말 / 호 = 5886섬 ÷ 1.8섬 / 호 = 3270호

상-4-9. 지금 돈이 65관 550문 있는데, 모시실을 사려고 한다. 한 자의 값은 돈으로 190문이다. 모시실을 얻으면 얼마인가?

今有錢六十五貫五百五十文 欲買苧絲 每尺價錢一百九十文 問得苧絲幾何

답 345자

答曰 三百四十五尺

역자 주해

65관550문 ÷ 190문 / 자 = 65550문 ÷ 190문 / 자 = 345자

상-4-10. 지금 돈이 104관 372문 있는데, 삼베를 사려고 한다. 한 필의 값은 돈으로 194문이다. 베를 사면 얼마인가?

今有錢一百四貫三百七十二文 欲買麻布 每匹價錢一百九十四文 問買布幾何

답 538필

答曰 五百三十八匹

역자 주해

104관372문 ÷ 194문 / 필 = 104372문 ÷ 19문 / 필 = 538필

상-4-11. 지금 돈이 5558관 300문 있는데, 소나무를 사려고 한다. 한 그루의 값은 돈으로 1관 705문이다. 나무를 사면 얼마인가?

今有錢五千五百五十八貫三百文 欲買松木 每株價錢一貫七百五文 問買木幾何

답 3260그루

答曰 三千二百六十株

역자 주해

5558관300문 ÷ 1관705문 / 그루 = 5558300문 ÷ 1705문 / 그루 = 3260그루

해법 돈 또는 물건을 위에 놓고 실로 한다. (단위) 값을 법으로 한다. 위에서부터 그것을 신외감하여 얻은 것은 문제에 맞는다. 「이 방법은 곧 구일 나눗셈이다.」

術曰 列錢物於上爲實 各以價錢爲法 從上身外減之 卽得合問 「此術卽是求一除法」

5

구귀제법문 스물아홉 문제

九歸除法門 二十九問

여기서는 ≪0-2≫ 구귀제법을 활용해서 해결할 수 있는 문제를 다룬다. 처음 아홉 문제는 법(나눗수)가 한 자리 수인 나눗셈 구귀법으로 해결할 수 있고, 그 뒤의 문제는 아래에서 설명할 나눗수가 두 자리 이상인 나눗셈 귀제법으로 해결할 수 있는 구매 문제, 판매 문제, 교환 문제 등이다. 물론, 이 모든 문제는 ≪0-2≫ 구귀제법의 역자 주해 1에서 설명한 상제의 방법으로 해결할 수 있다.

실이 작고 법이 크면 법에 따라 '귀법'을 쓴다.
실이 커서 법에 차면 앞자리로 나아간다.
항상 나누는 수를 오로지 기억하고
법과 실이 서로 비슷하면 구십이 남는다.
다만 나눗셈을 만나지 않으면 머리자리로 돌아간다.
그러나 구수를 풀면 나눗셈을 할 수 있다.
까닭을 널리 전하고 참된 소식을 누설하니
'구일' '천도'를 합쳐도 미치지 못한다.

實少法多從法歸 實多滿法進前居
常存除數專心記 法實相停九十餘
但遇無除還頭位 然將釋九數呼除
流傳故泄眞消息 求一穿韜總不如

역자 주해 1

위의 문장은 귀제법을 개괄적으로 설명하고 있다. 여기서 '천도(穿韜)'는 '구일'의 다른 이름으로 보이는데, 양휘산법의 '구일'에 대한 설명에 뒤어 다음과 같이 '천제(穿除)'로 등장한다.[1)]

> '천제' 또는 '비귀'라고도 불리는데, 몫과 나눗수의 본래의 자리는 지키는 것에 불과하다.
> 穿除又名飛歸 不過就本位商數除而已

한편, 『중국수학』에는 다음과 같은 말이 있다.

1) 양휘 저, 차종천 역(2006), 『양휘산법』, 동양수학대계 V, 교우사, 14면.

귀제법이 도입된 뒤인 14세기 중반에 구일제법은 구식이 되었다. (…, after the introduction of 'coming back division'(歸除, gui chú) in the middle of the fourteenth century the 'deriving 1' technique of division became outmoded.)[2]

역자 주해 2

귀제법 중에서 법이 한 자리 수인 구귀법은 ≪0-2≫ 구귀제법의 역자 주해 2를 보라. 여기서는 법이 두 자리 이상인 귀제법을 알아보겠다.

법이 두 자리 이상인 경우에 귀제법을 시행하기 위해서는 나눗셈 구구 이외에 알아야 할 사항이 더 있다. 예를 들어 나눗셈 3456 ÷ 35에서 법의 34와 실의 35와 같이 가장 큰 자리의 수는 서로 같지만 그 다음 자리의 수는 법이 큰 경우에는 아래의 당귀법을 사용하며, 계산 과정에서 기일법을 이용한다. 당귀법과 기일법의 활용 방법은 아래의 예에서 예시하는데, 이에 대응하는 수판셈의 작 9 · 귀 1 법에 대한 설명에서 그 방법을 충분히 짐작할 수 있다.[3]

- **산대셈의 당귀 · 기일법(撞歸起一法)**

당귀법	기일법
一歸爲九十一	無除減一下還一
二歸爲九十二	無除減一下還二
三歸爲九十三	無除減一下還三
四歸爲九十四	無除減一下還四
五歸爲九十五	無除減一下還五

2) 李儼 · 杜石然 저, J.N. Crossley · A.W.-C. Lun 역(1987), 『中國 數學 / *Chinese Mathematics - A concise history*』, Clarendon Press, p.179.

3) 허민(2005), 「산대셈과 수판셈」, 『한국수학사학회지』 제18권 제1호, 49~66면.

六歸爲九十六	無除減一下還六
七歸爲九十七	無除減一下還七
八歸爲九十八	無除減一下還八
九歸爲九十九	無除減一下還九

위에서 당귀법을 조선 경선징의 『묵사집산법』에서는 다음과 같이 나타냈다.[4)]

見一無除作九一	1을 보고 나눌 수 없으면 9*1을 짓고,
見二無除作九二	2를 보고 나눌 수 없으면 9*2를 짓고,
見三無除作九三	3를 보고 나눌 수 없으면 9*3을 짓고,
見四無除作九四	4를 보고 나눌 수 없으면 9*4를 짓고,
見五無除作九五	5를 보고 나눌 수 없으면 9*5를 짓고,
見六無除作九六	6을 보고 나눌 수 없으면 9*6을 짓고,
見七無除作九七	7을 보고 나눌 수 없으면 9*7을 짓고,
見八無除作九八	8을 보고 나눌 수 없으면 9*8을 짓고,
見九無除作九九	9를 보고 나눌 수 없으면 9*9를 짓는다.

• 수판셈의 작 9 · 귀 1 법[5)]

법의 머리 자리와 실 또는 실의 나머지 수를 견주어 법과 실의 머리 자리가 같은 수이고, 법의 다음 수가 실의 다음 수보다 클 때에 다음의 작 9의 구구를 써서 가상[가정된 몫]을 구하고 가상과 법의 다음 자리를 곱해서 빼면 확상[확실한 몫] 또는 진상을 구할 수 있다.

가상과 법의 다음 자리를 곱해서 가상의 아래 자리를 십의 자리로 하여 빼려고 할 때, 빼지지 않을 때에는 귀 1배 몇의 구구를 쓴다. 곱해서 뺄 수 없는 가

4) 경선징 저, 유인영 · 허민 역(2006), 『묵사집산법 천』, 교우사, 18~19면.
5) 조경하 · 김유송 · 홍봉순 · 전인재(1978), 『새 상업 계산』, 국정 교과서 주식회사, 78면.

상에서 1을 빼고, 법의 머리 자리에 해당하는 수를 가상의 다음 자리에 더해주고, 수정된 가상과 법의 다음 자리를 곱해서 빼어 진상을 얻는다. 만일 가상의 1을 돌려도 뺄 수 없을 때에는 한 번 더 귀 1배 몇을 하고 뺀다.

작 9의 몇 구구법	귀 1배의 몇 구구법
머리 자리가	귀 1 배
1인 때 : 작 9의 1 「10 ÷ 1 = 9…1」	1 : 1 × 10 = 10 1진 10의 역 구구
2인 때 : 작 9의 2 「20 ÷ 2 = 9…2」	2 : 2 × 10 = 20 2진 10의 역 구구
3인 때 : 작 9의 3 「30 ÷ 3 = 9…3」	3 : 3 × 10 = 30 3진 10의 역 구구
4인 때 : 작 9의 4 「40 ÷ 4 = 9…4」	4 : 4 × 10 = 40 4진 10의 역 구구
5인 때 : 작 9의 5 「50 ÷ 5 = 9…5」	5 : 5 × 10 = 50 5진 10의 역 구구
6인 때 : 작 9의 6 「60 ÷ 6 = 9…6」	6 : 6 × 10 = 60 6진 10의 역 구구
7인 때 : 작 9의 7 「70 ÷ 7 = 9…7」	7 : 7 × 10 = 70 7진 10의 역 구구
8인 때 : 작 9의 8 「80 ÷ 8 = 9…8」	8 : 8 × 10 = 80 8진 10의 역 구구
9인 때 : 작 9의 9 「90 ÷ 9 = 9…9」	9 : 9 × 10 = 90 9진 10의 역 구구

산대의 귀제법과 수판의 귀제법은 그 원리가 서로 같다. 귀제법으로 나눗셈 3456 ÷ 35을 시행하면 다음과 같다. (오른쪽에서는 오늘날의 표현으로 그 정당성을 확인할 수 있다.)

3456	3을 보고 나눌 수 없으면	3466 = 3000+456
35	[당귀법에 따라] 9*3을 짓는다.	= 30 × 90+300+456
↓	즉 3은 9로 바꾸고, 3을 4에 더한다.	= 30 × 90+756
9756	나눗수의 일의 자리의 수 5와 9의 곱	= 30 × 90+5 × 90+306
35	45를 75에서 뺀다.	= 35 × 90+306
↓		
9306	법을 내리고, 3을 보고 나눌 수 없으면	= 35 × 90+300+06
35	[당귀법에 따라] 9*3을 짓는다.	= 35 × 90+30 × 9+30+06

↓	즉 3은 9로 바꾸고, 3을 0에 더한다.	$=35\times 90+30\times 9+36$
9936	나눗수의 일의 자리의 수 5와 9의 곱	
35	45는 36보다 크다. [기일법에 따라]	$=35\times 90+30\times 8+30+36$
↓	9의 1을 3으로 만들어 아래에 더한다.	$=35\times 90+30\times 8+66$
9866	나눗수의 일의 자리의 수 5와 8의 곱	$=35\times 90+30\times 8+5\times 8+26$
35	40을 66에서 뺀다.	$=35\times 90+35\times 8+26$
↓		
9826	그러므로 몫은 98이고 나머지는 26이다.	$=35\times 98+26$
35		

한편, 나눗셈 $413\div 59$에서와 같이 실의 4와 법의 5가 서로 다르면 나눗셈 구구에 따라 시작한다.

413	구귀법에 따라 5로 4를 나눈다.	$413=400+13$
59	'오사배작팔[오사가사]' 즉 5를 8로	$=50\times 8+13$
↓	만든다.	
813	나눗수의 9와 8의 곱 72는 13보다 크다.	$=50\times 8+50+13$
59	[기일법에 따라] 8에서 1을 세워	$=50\times 7+63$
↓	다음 자리에 5를 더한다.	
763	나눗수의 9와 7의 곱을 63에서 뺀다.	$=50\times 7+9\times 7$
59		$=59\times 7$
↓		
700	그러므로 몫은 7이고 나머지는 0이다.	
59		

수판셈에서 나눗셈 $2{,}744\div 28=98$을 귀제법으로 시행한 예를 인용하면 다음과 같다.[6)]

---

6) 조경하 · 김유송 · 홍봉순 · 전인재(1978), 『새 상업 계산』, 국정 교과서 주식회사, 83~84면.

① 법과 실의 머릿수는 같기 때문에 둘째 자릿수를 비교하여 법이 크므로, 작 9의 2를 부른 다음, A 자리에 7을 더하여 9로 만들고 B 자리에 2를 더한다.

[수판면 9944]

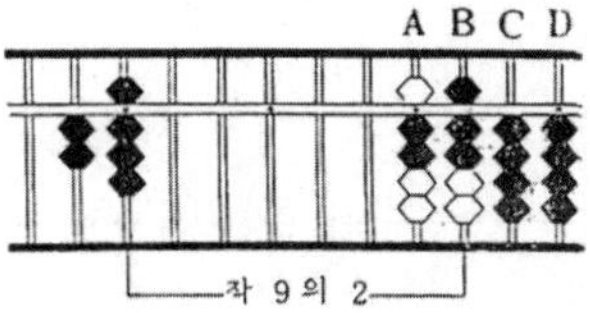

② 가상 9와 법의 끝수 8과 곱하여 그 곱 72를, B 자리를 10위로 BC 자리에서 뺀다.

[수판면 9224]

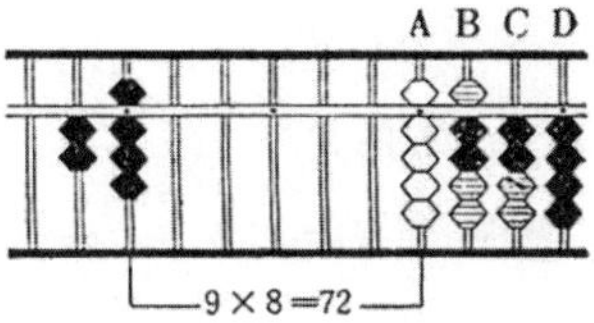

③ 나머지 실의 머릿수와 법의 머릿수가 같기 때문에 실의 C 자리 2와 법의 끝수 8을 비교하면 법이 크므로, 작 9의 2를 불러 B 자리에 7을 더하여 9로 만들고 C 자리에 2를 더한다. [수판면 9944]

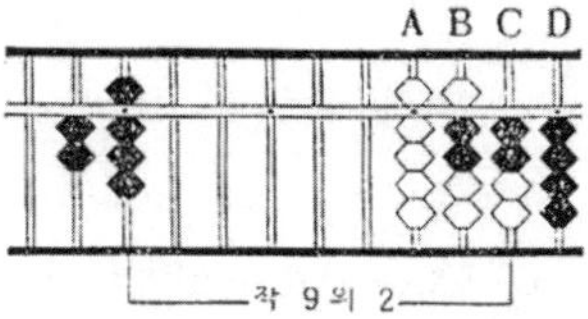

④ 가상 9와 법의 끝수 8과 곱하여 그 곱 72를 C 자리를 10위로 하여 빼려 하였으나 빼어지지 않으므로 귀 1배 2를 부른 다음, 가상 9에서 1를 빼는 동시 C 자리에 2를 더하여 6을 만든다.

[수판면 9864]

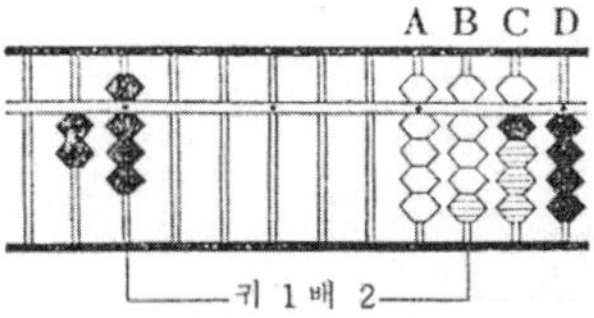

⑤ 수정한 가상 8과 법의 끝수 8과 곱하여 그 곱 64를 C 자리를 10위로 하여 CD 자리에서 뺀다.

답 98

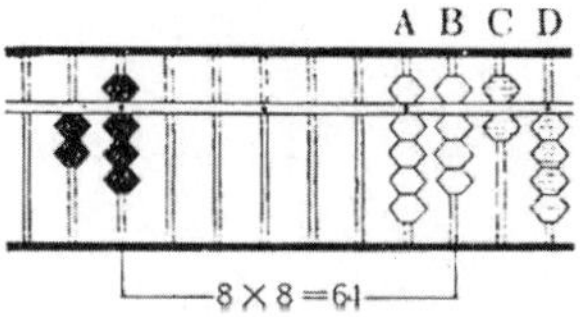

> **상-5-1.** 지금 돈이 4관 320문 있는데, 흰콩을 사들이려고 한다. 한 말의 값은 돈으로 20문이다. 얻는 것은 얼마인가?
>
> 今有錢四貫三百二十文 欲糴白豆 每斗價錢二十文 問得幾何

답 216말

答曰 二百一十六斗

역자 주해

4관320문 ÷ 20문 / 말 = (432 ÷ 2)말 = 216말

432 ②	→ 봉이진성십	1432 ı 2 ②	→ 4−2 = 2 봉이진성십	1232 + ı 12 ②	→ 1+1 = 2 2-2 = 0	2032 ②	→ 봉이진성십	2032 + ı 1 2 ②	→ 0+1 = 1 3−2 = 1

2112 ②	→ 이일첨작오	2152 ②	→ 봉이진성십	2152 + ı 1 2 ②	→ 5+1 = 6 2−2 = 0	2160 ②

> **상-5-2.** 지금 돈이 43관 200문 있는데, 가는 실을 사려고 한다. 한 근 값은 돈으로 300문이다. 얻는 것은 얼마인가?
>
> 今有錢四十三貫二百文 欲買細絲 每斤價錢三百文 問得幾何

답 144근

答曰 一百四十四斤

• 역자 주해 •

43관200문 ÷ 200문 / 근 = (432 ÷ 3)근 = 144근

432 ③	→ 봉삼진성십	1432 ı 3 ③	→ 4-3 = 1	1132 ③	→ 삼일삼십일	1332 + 1 ③	→ 3+1 = 4	1342 ③	→ 봉삼진성십

1342 + ı 13 ③	→ 3+1 = 4 4-3 = 1	1412 ③	→ 삼일삼십일	1432 + 1 ③	→ 2+1 = 3	1433 ③	→ 봉삼진성십	1433 + ı 13 ③	→ 3+1 = 4 3-3 = 0	1440 ③

상-5-3. 지금 돈이 1416관 있는데, 명주를 사려고 한다. 한 필 값은 돈으로 4관이다. 얻는 것은 얼마인가?

今有錢一千四百一十六貫 欲買絹子 每匹價錢四貫文 問得幾何

답 354필

答曰 三百五十四匹

• 역자 주해 •

1416관 ÷ 4관 / 필 = (1416 ÷ 4)필 = 354필

1416 ④	→ 사일이십이	2416 + 2 ④	→ 4+2 = 6	2616 ④	→ 봉사진성십	2616 +1 14 ④	→ 2+1 = 3 6-4 = 2	3216 ④	→ 사이첨작오

3516 ④	→ 사일이십이	3526 + 2 ④	→ 6+2 = 8	3528 ④	→ 봉사진성십 봉사진성십	3528 +1 14 ④	→ 8-4 = 4 4-4 = 0	3540 ④

상-5-4. 지금 은이 2만 7350냥 있는데, 은을 헤아리려고 한다. 한 정은 50냥이다. 몇 정이 되는가?

今有銀二萬七千三百五十兩 欲爲課銀 每錠五十兩 問爲幾錠

답 547정

答曰 五百四十七錠

역자 주해

27350냥 ÷ 50냥 / 정 = (2735 ÷ 5)정 = 547정

2735 ⑤	→ 오귀첨일배	4735 ⑤	→ 봉오진성십	4735 +1 15 ⑤	→ 4+1 = 5 7-5 = 2	5235 ⑤	→ 오귀첨일배	5435 ⑤

→ 오귀첨일배	5465 ⑤	→ 봉오진성십	5465 +1 15 ⑤	→ 6+1 = 7 5-5 = 0	5470 ⑤

상-5-5. 지금 돈이 4416관 있는데, 넓은 비단을 사려고 한다. 한 필 값은 돈으로 6관이다. 얻는 것은 얼마인가?

今有錢四千四百一十六貫 欲買大羅 每匹價錢六貫文 問得幾何

답 736필

答曰 七百三十六匹

역자 주해

4416관 ÷ 6관 / 필 = (4416 ÷ 6)필 = 736필

4416 ⑥	→ 육사육십사	6416 + 4 ⑥	→ 4+4 = 8	6816 ⑥	→ 봉육진성십	6816 +1 1 6 ⑥	→ 6+1 = 7 8-6 = 2	7216 ⑥	→ 육이삼십이

7316 + 2 ⑥	→ 1+2 = 3	7336 ⑥	→ 육삼천작오	7356 ⑥	→ 봉육진성십	7556 +1 16 ⑥	→ 5+1 = 6 6-6 = 0	7560 ⑥

상-5-6. 지금 돈이 624관 400문 있는데, 감초를 사려고 한다. 한 칭의 값은 돈으로 700문이다. 얻는 것은 얼마인가?

今有錢六百二十四貫四百文 欲買甘草 每秤價錢七百文 問得幾何

답 892칭

答曰 八百九十二秤

역자 주해

624관400문 ÷ 700문 / 칭 = (6244 ÷ 7)칭 = 892칭

6244 ⑦	→ 칠육 팔십사	8644 ⑦	→ 칠육 팔십사	8884 ⑦	→ 봉칠 진성십	8914 ⑦	→ 칠일 하가삼	8917 ⑦	→ 봉칠 진성십	8920 ⑦

상-5-7. 지금 돈이 50관 720문 있는데, 고운 베를 사려고 한다. 한 자의 값은 돈으로 80문이다. 얻는 것은 얼마인가?

今有錢五十貫七百二十文 欲買細布 每尺價錢八十文 問得幾何

답 634자

答曰 六百三十四尺

역자 주해

50관720문 ÷ 80문 / 자 = (5072 ÷ 8)자 = 634자

5072 ⑧	→ 팔오 육십이	6272 ⑧	→ 팔이 하가사	62(11)2 ⑧	→ 봉팔 진성십	6332 ⑧	→ 팔삼 하가육	6338 ⑧	→ 봉팔 진성십	6340 ⑧

상-5-8. 지금 돈이 3만 8250관 있는데, 좋은 말을 사려고 한다. 한 필의 값은 돈으로 90관이다. 얻는 것은 얼마인가?

今有錢三萬八千二百五十貫 欲買良馬 每匹價錢九十貫 問得幾何

답 425필

答曰 四百二十五匹

해법 돈의 액수를 놓고 실이라 하자. 값을 법으로 해서 나누면 문제에 맞는다.

術曰 列錢數 爲實 以價錢爲法 而一 合問

역자 주해

38250관 ÷ 90관 / 필 = (3825 ÷ 9)필 = 425필

3825 ⑨	→ 구귀 수신하	3(11)25 ⑨	→ 봉구 진성십	4225 ⑨	→ 구귀 수신하	4245 ⑨	→ 구귀 수신하	4249 ⑨	→ 봉구 진성십	4250 ⑨

상-5-9. 지금 돈이 17관 745문 있는데, 검정콩을 사려고 한다. 한 섬의 값은 돈으로 210문이다. 콩을 사면 얼마인가?

今有錢一十七貫七百四十五文 欲糴黑豆 斛價錢二百一十文 問糴豆幾何

답 84.5섬

答曰 八十四斛半

해법 돈의 액수를 놓고 실이라 하자. 한 섬의 값 210문을 법으로 하여, 실을 법으로 나누면, 문제에 맞는다.

術曰 列錢數 爲實 以斛價二百一十文爲法 實如法而一 合問

역자 주해

17관745문 ÷ 210문 / 섬 = (1774.5 ÷ 21)섬 = 84.5섬

17745 21	→ 이일 첨작오	57745 21	→ 77−5 =72	57245 21	→ 봉이 진성십	65245 21	→ 524−10 =14	65145 21

→ 봉이 진성십	73145 21	→ 314−10 =304	73045 21	→ 봉이 진성십	81045 21	→ 104−10 =94	80945 21

→ 봉이진 성십 4회	84145 21	→ 145−40 =105	84105 21	→ 이일 참작오	84505 21	→ 5−5 =0	8450 21

상-5-10. 지금 돈이 24관 35문 있는데, 백밀[7]을 사려고 한다. 한 근의 값은 380문이다. 얻는 것은 얼마인가?

今有錢二十四貫三十五文 欲買白蜜 斤價三百八十文 問得幾何

답 63근 4냥

答曰 六十三斤 四兩

해법 돈의 액수를 놓고 실이라 하자. 한 섬의 값 380문을 법으로 하여 그것을 나눈다. 근 미만의 값에 16을 곱하면 냥이 되어 문제에 맞는다.

術曰 列錢數 爲實 以斤價三百八十文爲法 除之 斤下分者 身外加六 爲兩 合問

7) 밀(황랍, 꿀벌이 분비하여 벌집의 주성분이 되는 물질)을 하얗게 한 것으로, 고약의 기본 재료로 쓰임.

24관35문 ÷ 380문 / 근 = (2403.5 ÷ 38)근 = 63.25근 = 63근 0.25 × 16냥
= 63근 4냥

24035	→	66035	→	61235	→	63335	→	63095
	삼이		60 − 18		삼일		33 − 24	
38	육십이	38	= 12	38	삼십일	38	= 9	38

→	63235	→	632190	→	6323(10)0	→	632376
봉삼진		350 − 160		삼일		100 − 24	
성십2회	38	= 190	38	삼십일	38	= 76	38

→	6325160	→	632500
봉삼진		160 − 160	
성십 2회	38	= 0	38

상-5-11. 지금 돈이 43관 875문 있는데, 수은을 사려고 한다. 한 근의 값은 4관 500문이다. 사는 것은 얼마인가?

今有錢四十三貫八百七十五文 欲買水銀 斤價四貫五百文 問買幾何

답 9근 12냥

答曰 九斤一十二兩

해법 돈의 액수를 놓고 실이라 하자. 4관 500문을 법으로 하여 실을

법으로 나눈다. 근 미만의 값에 16을 곱하면 냥이 되어 문제에 맞는다.

術曰 列錢數 爲實 以四貫五百文爲法 實如法而一 斤下分者 身外加六 爲兩 合問

역자 주해

43관875문 ÷ 4관500문 / 근 = (438.75 ÷ 45)근 = 9.75근 = 9근 0.75 × 16냥 = 9근 12냥

43875	→	97875	→	93375	→	97575	→	97225
	당귀법 9*4		78 − 45 = 33		사삼 칠십이		57 − 35 = 22	
45		45		45		45		45

→	97525	→	97500
사이 첨작오		25 − 25 = 0	
	45		45

상-5-12. 지금 돈이 20관 196문 있는데, 정향[8]을 사려고 한다. 한 냥의 값은 54문이다. 얻은 것은 얼마인가?

今有錢二十貫一百九十六文 欲買丁香 兩價五十四文 問得幾何

8) 정향나무의 꽃봉오리로, 성질이 덥고 독이 없음. 근심으로 생기는 가슴앓이, 음식을 게울 때, 반위(反胃) 등에 씀.

답 23근 6냥

答曰 二十三斤六兩

해법 돈의 액수를 놓고 실이라 하자. 54문을 법으로 하여 실을 법으로 나누면 374냥을 얻고 근율 16으로 묶어주면 문제에 맞는다.

術曰 列錢數 爲實 以五十四文爲法 實如法而一 得三百七十四兩 以斤率十六約之 合問

역자 주해

20관196문 ÷ 54문 / 냥 = (20196 ÷ 54)냥 = 374냥 = (23 × 16+6)냥
= 23근 6냥

20196 54	→ 오귀 첨일배	40196 54	→ 01−16<0 기일법	35196 54	→ 51−12 =39	33996 54	→ 오귀 첨일배	36996 54

→ 99−24 =75	36756 54	→ 봉오 진성십	37256 54	→ 256−40 =216	37216 54	→ 오귀 첨일배	37416 54	→ 16−16 =0	37400 54

상-5-13. 지금 돈이 5관 661문 있는데, 진피[9]를 사려고 한다. 한 근의 값은 68문이다. 얻은 것은 얼마인가?

今有錢五貫六百六十一文 欲買陳皮 斤價六十八文 問得幾何

답 83근 4냥

答曰 八十三斤四兩

해법 돈의 액수를 놓고 실이라 하자. 68문을 법으로 하여 실을 법으로 나눈다. 근 미만의 값에 16을 곱하면 냥이 되어 문제에 맞는다.

術曰 列錢數 爲實 以六十八文爲法 實如法而一 斤下分者 身外加六 爲兩 合問

역자 주해

5관661문 ÷ 68문 / 근 = (5661 ÷ 68)근 = 83.25근 = 83근 0.25 × 16냥
= 83근 4냥

5661 68	→ 육오 팔십이	8861 68	→ 86−64 =22	8221 68	→ 육이 삼십이	8341 68	→ 41−24 =17	8317 68

→ 육일 하가사	831(11)0 68	→ 110−8 =101	831(10)2 68	→ 봉육 진성십	83242 68	→ 420−80 =340	832340 68

→ 육삼 첨작오	832540 68	→ 40−40 =0	832500 68

9) 오래 묵은 귤 껍질로, 맛은 쓰고 매운데 건위(健胃)·발한(發汗)의 약효가 있음.

상-5-14. 지금 은이 15냥 1전 6푼 3리 2호 있는데, 은 7리 2호를 편뇌 1수와 바꾼다. 얻는 것은 얼마인가?

今有銀一十五兩一錢六分三釐二毫 每銀七釐二毫換片腦一銖 問得幾何

답 5근 7냥 18수

答曰 五斤七兩一十八銖

해법 은의 수량을 놓고 실이라 하자. 7리 2호를 법으로 하여 나누면 2106수를 얻는다. 근수법 384로 묶어주면 5근을 얻고 법에 차지 않는 것은 냥수법 24로 묶으면 7냥을 얻는다. 법에 차지 않는 것은 명하면 문제에 맞는다.

術曰 列銀數 爲實 以七釐二毫爲法 除之 得二千一百六銖 以斤銖法三百八十四約之 得五斤 不滿法者 以兩銖法二十四約之 得七兩 不滿法者 命之 合問

• 역자 주해 •

15냥1전6푼3리2호 ÷ 7리2호 / 수 = (151632 ÷ 72)수 = 2106수 = (5 × 384+186)수 = 5근 (7 × 24+18)수 = 5근 7냥 18수

151632 72	→ 칠일 하가삼	181632 72	→ 81－2 ＝79	179632 72	→ 봉칠 진성십	209632 72	→ 96－20 ＝76	207632 72

→ 봉칠 진성십	210632 72	→ 63－20 ＝43	210432 72	→ 칠사 오십오	210582 72	→ 82－10 ＝72	210572 72

→ 봉칠 진성십	210602 72	→ 20－20 ＝0	210600 72

상-5-15. 지금 돈이 591관 948문 있는데, 은주를 사려고 한다. 한 냥의 값은 87문이다. 얻은 것은 몇 리인가?

今有錢五百九十一貫九百四十八文 欲買銀朱 兩價八十七文 問得幾裏

답 189리

答曰 一百八十九裏

해법 돈의 액수를 놓고 실이라 하자. 87문을 법이라 하고 실을 법으로 나누면 6804냥을 얻는다. 리법 36으로 묶어주면 문제에 맞는다.

術曰 列錢數 爲實 以八十七文爲法 實如法而一 得六千八百四兩 以裏法三十六約之 合問

역자 주해

591관948문 ÷ 87문 / 냥 = (591948 ÷ 87)냥 = 6804냥 = (189 × 36)냥 = 189리

591948 87	→ 팔오 육십이	6(11)1948 87	→ 111 − 42 = 69	669948 87	→ 팔육 칠십사	67(13)948 87	→ 139 − 49 = 90	679048 87

→ 봉팔 진성십	681048 87	→ 104 − 70 = 34	680348 87	→ 팔삼 하가육	6803(10)8 87	→ 108 − 21 = 87	680387 87

→ 봉팔 진성십	680407 87	→ 70 − 70 = 0	680400 87

상-5-16. 지금 찧은 쌀이 7말 9되 5홉 3작 4초 있는데, 9되 1홉은 찧지 않은 쌀 1말에 준한다. 얻은 것은 얼마인가?

今有細米七斟九升五合三勺四抄 每九升一合準糲米一斟 問得幾何

답 8말 7되 4홉

答曰 八斟七升四合

해법 쌀의 수량을 놓고 실이라 하자. 9되 1홉을 법이라 하고 실을 법으로 나누면 문제에 맞는다.

術曰 列米數 爲實 以九升一合爲法 實如法而一 合問

• 역자 주해 •

7말9되5홉3작4초 ÷ 9되1홉 / 말 = (795.34 ÷ 91)말 = 8.74말 = 8말 7되 4홉

79534	→	7(16)534	→	7(15)834	→	86834	→	86734
	구귀 수신하		165 − 7 = 158		봉구 진성십		683 − 10 = 673	
91		91		91		91		91

→	86(13)34	→	86(12)74	→	87374	→	87364
구귀 수신하		133 − 6 = 127		봉구 진성십		374 − 10 = 364	
	91		91		91		91

→	87394	→	873910	→	874010	→	874000
구귀 수신하		40 − 10 = 30		구귀 수신하		10 − 10 = 0	
	91		91		91		91

상-5-17. 지금 참기름이 256근 반 있는데, 3근 12냥마다 참깨 1말이 든다. 참깨를 쓴 것은 얼마인가?

今有香油二百五十六斤半 每三斤一十二兩用芝麻一㪷 問用芝麻幾何

답 6섬 8말 4되

答曰 六碩八㪷四升

해법 기름의 수량을 놓고 실이라 하자. 3근 7분 반을 법으로 해서 나누면 문제에 맞는다.

術曰 列油數 爲實 以三斤七分半爲法 除之 合問

• 역자 주해 •

256근반 ÷ 3근12냥 / 말 = (256.5 ÷ 3.75)말 = (25650 ÷ 375)말 = 68.4말
= 6섬 8말 4되

25650 375	→ 삼이 육십이	67650 375	→ 765 − 6 × 75 = 315	63150 375	→ 당귀법 9*3	69450 375	→ 450 − 9 × 75 < 0 기일법	68750 375

→ 750 − 8 × 75 = 150	68150 375	→ 삼일 삼십일	68360 375	→ 600 − 3 × 75 = 375	683375 375	→ 봉삼 진성십	684075 375	→ 750 − 10 × 75 = 0	684000 375

상-5-18. 지금 밀가루가 407근 있는데, 6근 14냥마다 밀 1말이 든다. 밀을 쓴 것은 얼마인가?

今有麪四百零七斤 每六斤一十四兩用麥一㪷 問用麥幾何

답 5섬 9말 2되

答曰 五碩九㪷二升

해법 밀가루의 근수를 놓고 실이라 하자. 6근 8분 7리 반을 법으로 해서 나눈다. 「8분 7리 반이라는 것은 14냥을 근으로 환산한 수이다.」 문제에 맞는다.

術日 列麵數 爲實 以六斤八分七釐半 除之 「八分七釐半者 乃十四兩留數」 合問

역자 주해

407근 ÷ 6근14냥 / 말 = (407 ÷ 6.875)말 = 59.2말 = 5섬 9말 2되

상-5-19. 지금 소금이 2460인 있는데, 1인은 405근이 비율이 된다. 지금 한 인당 그 외에 30근의 여분을 더 붙인다. 모두 인수로 하면 얼마인가?

今有鹽二千四百六十引 每引四百五斤爲率 今每引外多附餘三十斤 問共爲引數幾何

답 2642인 90근

答日 二千六百四十二引九十斤

해법 소금의 인수를 위에 놓는다. 율수와 붙여준 여분을 합해 얻은 총 435근으로 곱하면 1070100근을 얻는다. 이것을 실로 하고 405근을 법으로 해서 나눈다. 법에 차지 않는 것은 명하면 앞의 문제에 맞는다.

術曰 列鹽引數於上 併率數附餘共得四百三十五斤 乘之 得一百七萬一百斤 爲實 以四百五斤爲法 除之 不滿法者 命之 合前問

역자 주해

2460인 × (405+30)근 / 인 = 1070100근 = (2642 × 405+90)근 = 2642인 90근

> **상-5-20.** 지금 콩가루가 1759근 3냥 8전 있는데, 5근 6냥마다 데 콩 1말이 든다. 콩은 얼마인가?
>
> 今有豆粉一千七百五十九斤三兩八錢 每五斤六兩用豆一蚪 問豆幾何

답 32섬 7말 3되

答曰 一十二石二斗四升二合

해법 콩가루의 수량을 놓고 근 미만을 환산해서 실로 한다. 5근 3분 7리 반을 법으로 해서 실을 법으로 하면 문제에 맞는다.

術曰 列粉數 斤下留兩 爲實 以五斤三分七釐半爲法 實如法而一 合問

역자 주해

1759근3냥8전 ÷ 5근6냥 / 말 = (1759.2375 ÷ 5.375)말 = 327.3말
= 32섬 7말 3되

상-5-21. 지금 명주가 1만 자 있는데, 1자 2푼 4리는 삼베 1근과 바꾼다. 삼베로 바꾸면 얼마인가?

今有紬一萬尺 每一尺二分四釐換麻一斤 問換麻幾何

답 9765근 10냥

答曰 九千七百六十五斤一十兩

해법 명주의 자수를 놓고 실로 하고 1자 2푼 4리를 법으로 해서 실을 법으로 나눈다. 근 미만의 값에 16을 곱하면 냥이 되어 앞의 문제에 맞는다.

術曰 列紬數 爲實 以一尺二分四釐爲法 實如法而一 斤下分者 身外加六 爲兩 合前問

• 역자 주해 •

10000자 ÷ 1자2푼4리 / 근 = (10000 ÷ 1,024)근 = 9765.625근 = 9765근 10냥

상-5-22. 지금 돈이 2만 관 있는데, 한 근에 4관 96문인 가는 실을 사려고 한다. 실을 얻으면 얼마인가?

今有錢二萬貫 欲買細絲斤價四貫九十六文 問得絲幾何

답 4882근 13냥

答曰 四千八百八十二斤一十三兩

해법 돈의 액수를 놓고 실로 하고 한 근 값 4관 96문을 법으로 해서 나눈다. 근 미만의 값에 16을 곱하면 냥이 되어 앞의 문제에 맞는다.

術曰 列錢數 爲實 以斤價四貫九十六文爲法 除之 斤下分者 身外加六 爲兩 合問

• 역자 주해 •

20000관 ÷ 4관96문 / 근 = (20000 ÷ 4.096)근 = 4882.8125근 = 4882근 13냥

상-5-23. 지금 쌀이 3만 말 있는데, 8되 1홉 9작 2초는 콩 1말과 바꾼다. 콩으로 바꾸면 얼마인가?

今有米三萬斟 每八升一合九勺二抄 折豆一斟 問折豆幾何

답 3662섬 1말 9홉 3작 7초 5촬

答曰 三千六百六十二碩一斟九合三勺七抄五撮

해법 쌀의 수량을 놓고 실로 하고 8되 1홉 9작 2초를 법으로 한다. 실을 법으로 나누면 문제에 맞는다.

術曰 列米數 爲實 以八升一合九勺二抄爲法 實如法而一 合問

역자 주해

30000말 ÷ 8되1홉9작2초 / 말 = (30000 ÷ 0.8192)말 = 36621.09375말
= 3662섬 1말 9홉 3작 7초 5촬

상-5-24. 지금 참깨가 4만 섬 있는데, 5되 1홉 2작과 벼 1말을 같게 본다. 같게 보는 벼는 얼마인가?

今有芝麻 四萬碩 每五升一合二勺對粟一蚪 問對粟幾何

답 7만 8125섬

答曰 七萬八千一百二十五碩

해법 참깨의 수량을 놓고 실로 하고 5되 1홉 2작을 법으로 해서 나누면 문제에 맞는다.

術曰 列芝麻數 爲實 以五升一合二勺爲法 除之 合問

역자 주해

40000섬 ÷ 5되1홉2작 / 말 = (400000 ÷ 0.512)말 = 781250말 = 7만 8125말

상-5-25. 지금 돈이 500관 있는데, 밀을 사들이려고 한다. 한 섬의 값은 돈으로 1관 280문이다. 밀을 사면 얼마인가?

今有錢五百貫 欲糴小麥 每碩價錢一貫二百八十文 問糴麥幾何

답 390섬 6말 2되 반

答曰 三百九十碩六㪷二升半

해법 돈의 액수를 놓고 실로 하고 1관 280문을 법으로 한다. 실을 법으로 나누면 문제에 맞는다.

術曰 列錢數 爲實 以一貫二百八十文爲法 實如法而一 合問

역자 주해

500관 ÷ 1관280문 / 섬 = (500 ÷ 1.28)섬 = 390.625섬 = 390섬 6말 2되 5홉

상-5-26. 지금 인삼이 6만 근 있는데, 31근 4냥은 차 1인과 바꾼다. 차로 바꾸면 얼마인가?

今有人參六萬斤 每三十一斤四兩換茶一引 問換茶幾何

답 1920인

答曰 一千九百二十引

해법 인삼의 근수를 놓고 실로 하고 31근 2분 반을 법으로 한다. 실을 법으로 나누면 문제에 맞는다.

術曰 列人參數 爲實 以三十一斤二分反爲法 實如法而一 合問

• 역자 주해 •

60000근 ÷ 31근4냥 / 인 = (60000 ÷ 31.25)인 = 1920인

상-5-27. 지금 금이 7만 수 있는데, 35수 8루 4서는 편뇌 1근과 바꾼다. 편뇌로 바꾸면 얼마인가?

今有金七萬銖 每三十五銖八絫四黍易片腦一斤 問易片腦幾何

답 1953근 2냥

答曰 一百五十六頃二十五畝

해법 금의 수량을 놓고 실로 하고 35수 8루 4서를 법으로 해서 실을 법으로 나누면 1953근을 얻는다. 근 미만의 1분 2리 5호에 근율 16으로 곱하면 2냥을 얻어 문제에 맞는다.

術曰 列金數 爲實 以三十五銖八絫四黍爲法 實如法而一 得一千九百五十三斤 斤下一分二釐五毫 以斤率十六乘之 得二兩 合問

• 역자 주해 •

70000수 ÷ 35수8루4서 / 근 = (70000 ÷ 35.84)근 = 1953.125근 = 1953근 2냥

상-5-28. 지금 땅이 8만 무 있는데, 6무 2푼 5리는 은 1근으로 친다. 은으로 치면 얼마인가?

今有地八萬畝 每六畝二分五釐直銀一斤 問直銀幾何

답 1만 2800근

答曰 一萬二千八百斤

해법 땅의 무수를 놓고 실로 하고 6무 2푼 5리를 법으로 한다. 실을 법으로 나누면 문제에 맞는다.

術曰 列地畝數 爲實 以六畝二分五釐爲法 實如法而一 合問

역자 주해

80000문 ÷ 6무2푼5리 / 근 = (80000 ÷ 6.25)근 = 12800근

상-5-29. 지금 벼가 9만 섬 있는데, 밭 1무에서 벼를 5섬 7말 6되 거둔다. 밭은 얼마인가?

今有稻九萬斛 每田一畝收稻五斛七斗六升 問田幾何

답 156경 25무

答曰 一百五十六頃二十五畝

해법 벼의 수량을 놓고 실로 하고 5섬 7말 6되를 법으로 한다. 실을 법으로 나누면 문제에 맞는다.

術曰 列稻數 爲實 以五斛七㪷六升爲法 實如法而一 合問

• 역자 주해 •

90000섬 ÷ 5섬7말6되 / 무 = (90000 ÷ 5.76)무 = 15625무 = 156경 25무

6

이승동제문 여덟 문제

異乘同除門 八問

여기서는 아래에서 설명할 '이승동제'(다른 것은 곱하고 같은 것은 나누기) 방법을 이용해서 해결할 수 있는 구매 문제, 판매 문제, 교환 문제 등을 다루고 있는데, 지금까지 다룬 문제보다 좀더 복잡한 형태로 곱셈과 나눗셈이 모두 사용된다. 문제 〈상-6-5〉와 〈상-6-6〉에서는 이승동제가 아니라 반비례 방법이 이용된다.

이승동제에 대해 왕감은 『산학계몽술의』에서 다음과 같이 설명했다.

왕감안 『구장산술』의 금유술은 곧 이승동제이다. 서양인들은 (연)비례법이라고 부른다.

지금 있는 수[소유수]를 구하는 비율[소구율]에 곱해 실로 하고, 가지고 있는 비율[소유율]을 법으로 해서 나누면 구하는 수[소구수]를 얻는다.

서양 방법이 비례라는 이름을 만든 것은 매우 최근이다. 중요한 것은 모두 금유술에 뿌리를 둔다.

『기하원본』은 4율도를 싣고 그 이치를 꽤 상세히 밝히고 있다. 『매씨총서』도 그 설명을 채용한다.

이제 특별히 그것을 기록해서 중국과 서양이 꼭 들어맞음을 본다.

그림과 같이 장방형[직사각형] 갑기무을(甲己戊乙)이 있다.

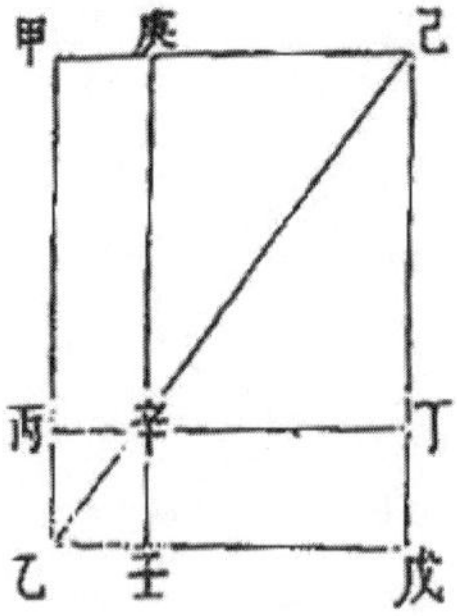

기(己)로부터 을(乙)에 이르는 사선을 그리면, [직사각형은] 나뉘어 두 구고형[직각 삼각형]이 된다.

또 선분 병정(丙丁)을 그리면 점 신(辛)에서 사선을 자른다.

또 선분 경임(庚壬)을 그리면 선분 병정(丙丁)과 점 신(辛)에서 서로 만난다.

무릇 직사각형의 사선 위에 종횡선을 그리면, 원래의 도형은 넷으로 나누어진다.

그 사선을 품는 두 직사각형은 반드시 닮은꼴이고, 또 원래의 도형과도 닮은꼴이다. 그 나머지 두 직사각형은 반드시 넓이가 서로 같다.

닮은꼴이므로, 두 도형의 선을 모두 서로 얻을 수 있다.

가령 선분 기정(己丁), 선분 신정(辛丁), 선분 신임(辛壬)의 길이를 알고 선분 신병(辛丙)의 길이를 구한다고 하자. 기정(己丁)은 가지고 있는 비율[소유율], 신정(辛丁)은 구하는 비율[소구율], 신임(辛壬)은 지금 있는 수[소유수]라고 하여 구하면, 구하는 수[소구수] 신병(辛丙)을 얻는다.

대개 신정(辛丁)을 신임(辛壬)에 곱해서 기정(己丁)으로 나누면 신병(辛丙)을 얻는다.

무릇 신정(辛丁)을 신임(辛壬)에 곱하면 직사각형 신정무임(辛丁戊壬)을 얻는데, 이 직사각형은 갑경신병(甲庚辛丙)과 넓이가 같다. 그러므로 경신

(庚辛)으로 나누면 신병(辛丙)을 얻는다.
경신(庚辛)은 곧 기정(己丁)이다.
이떻게 그 넓이가 같은지 알 수 있는가?
원래의 도형 갑기무을(甲己戊乙)을 기(己)로부터 을(乙)에 이르도록 자르면 두 직각 삼각형이 생긴다. 그것들은 같은 꼴이고 넓이가 같음은 말할 필요도 없다.
직각 삼각형 경기신(庚己辛)은 직각 삼각형 정기신(丁己辛)과 같고, 직각 삼각형 병을신(丙乙辛)은 직각 삼각형 임을신(壬乙辛)과 같음은 말할 필요도 없다. 그러면 직사각형 신정무임(辛丁戊壬)은 직사각형 갑경신병(甲庚辛丙)과 합동은 아니지만, 어쨌든 그 세 선들을 얻으면 그 네 번째 선을 알 수 있다.
피차가 모두 서로 구할 수 있으나 여기서는 특별히 하나를 제시하여 말했을 뿐이다. 이하 여러 문제는 모두 이것에서 벗어나지 않는다.

瞽案 九章今有術 卽異乘同除 西人名( )比例法
以今有數乘所求率爲實 以所有率爲法 除之 得所求數
西法立比例之名 最爲切近 要皆本於今有術
幾何原本載四率圖 頗能闡其理 梅氏叢書亦採其說
今特錄之 以見中西之合轍也
如圖 甲己戊乙長方形
自己至乙作斜線 分爲兩句股形
又作丙丁線 截斜線於辛
又作庚壬線 與丙丁線相遇於辛
凡長方形於斜線上作縱横線 分原形爲四
其在斜線上之二方形必爲同式 亦必與原形同式 其餘二方形必同積
同式 則兩形之線皆可以互得
設有己丁線辛丁線辛壬線 求辛丙線 則以己丁爲所有率 辛丁爲所求率 辛壬爲今有數 求得所求數辛丙
蓋以辛丁乘辛壬 以己丁除之 得辛丙也
夫辛丁乘辛壬 得辛丁戊壬形 此形與甲庚辛丙形同積 故庚辛除之 得辛丙
庚辛 卽己丁也

何以知其同積也
甲己戊乙原形 自己至乙剖之 成兩句股形 其式同 其積同 不待言矣
其庚己辛形同於丁己辛形 丙乙辛形同於壬乙辛形 不待言矣
然則辛丁戊壬形非等於甲庚辛丙形 而何故得其三線 可以知其四
彼此皆可互求 玆所設特擧一端而言耳 以下諸問皆不外此

역자 주해 1

위의 왕감의 설명과 같이 이승동제는 『구장산술』에서 말한 금유술(今有術)이다. 『구장산술』 제2권 <속미>에서는 "속 50(粟率五十), 여미 30(糲米三十), …"와 같이 속미의 교환 비율(粟米之法)을 제시한 뒤에 다음과 같이 금유술을 제시하고 있다.

> 금유술에 따르면, 소유수를 소구율에 곱하여 실이라 하고 소유율을 법으로 하여, 실을 법으로 나눈다.
> 今有術曰 以所有數乘所求率爲實 以所有率法 實如法而一

여기서 '소유수'는 주어진 수, 즉 주어진 곡물의 양이고, '소구율'은 구하는 비율, 즉 구하는 대상 곡물의 교환 비율이며, '소유율'은 주어진 비율, 즉 주어진 곡물의 교환 비율이다. 위의 방법에 따르면, 소구수(所求數), 즉 구하는 수 또는 구하는 곡물의 양을 다음과 같이 계산한다.

$$\text{소구수} = \frac{\text{소구율} \times \text{소유수}}{\text{소유율}}$$

이에 따라 소유수를 기준으로 생각하면, 먼저 다른 곡물의 교환 비율을 곱하므로 '이승(異乘)'이고 같은 곡물의 교환 비율로 나누므로 '동제(同

除)'이다. 『구장산술』 제2권 「속미」의 제1문은 다음과 같다.

> 지금 속이 1말 있는데, 여미로 만들려고 한다. 얼마나 얻겠는가?
> 今有粟一斗 欲爲糲米 問得幾何
>
> **답** 여미 6되
> **答曰** 爲糲米六升
>
> **해법** 속에서 여미를 구하려면, 3을 곱한 뒤에 5로 나눈다.
> **術曰** 以粟求糲米 三之 五而一

속과 여미의 교환 비율에 따라 이 문제에서는 소유수가 속 1말이고 소유율이 50이며 소구율이 30이므로, 소구수, 즉 여미의 양을 다음과 같이 구하고 있다.

$$\text{소구수} = \frac{\text{소구율} \times \text{소유수}}{\text{소유율}} = \frac{30 \times 1}{50} = \frac{3}{5} = 0.6(\text{말}) = 6(\text{되})$$

그러므로 금유술, 즉 이승동제는 다음과 같이 비례식을 세워 소구수를 계산하는 비례법(삼수법, rule of three)과 일치한다.

소유율 : 소유수 = 소구율 : 소구수
所有率 : 所有數 = 所求率 : 所求數

이런 경우에 소유율을 1률, 소유수를 2율, 소구율을 3률, 소구수를 4율이라고 한다. 비례법에 대해 『산학입문』에서는 다음과 같이 말하고 있다.[1]

1) 황윤석 저, 강신원 · 장혜원 역(2006), 『산학입문』, 이수신편 제21권, 교우사, 127면.

처음 서양에서 시작되어 『동문산지』나 『수리정온』에서 그것을 일컫는다.
始自西洋而 同文算指數理精蘊因而名之

명(明)대에 마테오 리치(Matteo Ricci, 利瑪竇)와 서광계(徐光啓)는 유클리드의 원론을 제1권부터 제6권까지 번역한 『기하원본(幾何原本)』을 1607년에 발간했으며, 역시 서양 수학을 소개한 『동문산지』는 1613년에 출판되었다.

한 항이 1인 비례식은 한 번의 곱셈이나 나눗셈으로 해결된다. 『구장산술』에서는 나눗셈으로 환원되는 이런 경우를 경률술(經率術)이라 부르고 있다.

• 역자 주해 2 •

왕감은 『구장산술』에서 언급한 금유술을 『기하원본』과 『매씨총서』를 인용해서 그 원리의 타당성을 밝혔다. 그 과정을 요약·정리하면 다음과 같다.

오른쪽 그림에서 △甲己乙 = △戊己乙, △庚己辛 = △丁己辛, △丙乙辛 = △壬乙辛이므로 다음을 얻는다.

□甲庚辛丙
= △甲己乙-△庚己辛-△丙乙辛
= △戊己乙-△丁己辛-△壬乙辛
= □辛丁戊壬

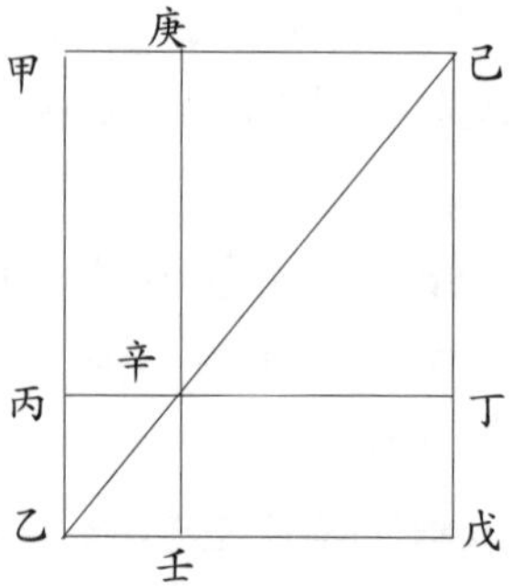

그러므로 세 선분 己丁, 辛丁, 辛壬의 길이를 알면, 선분 辛丙의 길이를 다음과 같이 구할 수 있다.

$$\overline{\text{辛丙}}=\frac{\square\text{甲庚辛丙}}{\overline{\text{庚辛}}}=\frac{\square\text{辛丁戊壬}}{\overline{\text{庚辛}}}=\frac{\overline{\text{辛壬}}\times\overline{\text{辛丁}}}{\overline{\text{己丁}}}$$

그런데 왕감의 논의에서 己丁을 소유율, 辛丙을 소구수라고 적절하게 불렀지만, "소구율 辛丁을 소유수 辛壬에 곱한다."고 말했다. 이는 『구장산술』에서 "소유수를 소구율에 곱한다."는 말과 어긋난다. 실제로 왕감은 본 <이승동제문>의 주석에서 [비례식을 적용할 수 없는 문제 ≪상-6-5≫와 ≪상-6-6≫ 및] 문제 ≪상-6-7≫을 제외하고 소유수와 소구율을 저자의 해법에서와 반대로 부르고 있다.

상-6-1. 지금 돈 9관 879문을 가지면 쌀 5섬 3말 4되를 사들일 수 있다. 다만 쌀을 36섬 9말 가지고 있다. 돈으로 치면 얼마인가?

今有錢九貫八百七十九文 糴米五碩三㪷四升 只有米三十六碩九㪷 問直錢幾何

답 68관 265문

答曰 六十八貫二百六十五文

해법 다만 가진 쌀의 수량을 놓고, 이에 9관 879문을 곱해서 실로 하고 5섬 3말 4되를 법으로 해서 나눈다. 「저자에서 날마다 쓰므로 지금 그것을 가질 수 있다.」 문제에 맞는다.

術曰 列只有米數 以九貫八百七十九文乘之 爲實 以五碩三㪷四升爲法 除之 「市廛日用而今有之」 合問

해법에서는 다만 가진 쌀 36섬 9말 = 36.9섬을 소구율, 지금 가진 돈 9권 879문 = 9.879관을 소유수, 지금 사들일 수 있는 쌀 5섬 3말 4되 = 5.34섬을 소유율로 해서 소구수인 돈을 구하고 있다. 즉 다음과 같다.

$$\frac{36.9 \times 9.879}{5.34} = 68.265(\text{관}) = 68\text{관 } 265\text{문}$$

이는 쌀 5.34섬을 돈 9.879관으로 사들이므로, 쌀 36.9섬을 사들이는 데 x 관이 필요하다고 하여 다음과 같은 비례식을 세워 푸는 것과 같다.

$$5.34 : 9.879 = 36.9 : x$$

상-6-2. 지금 쌀 53말 4되를 가지고 있으면 돈으로 치면 9관 879문이다. 다만 돈을 68관 265문 가지고 있다. 쌀을 얻으면 얼마인가?

今有米五十三㪷四升 直錢九貫八百七十九文 只有錢六十八貫二百六十五文 問得米幾何

답 369말

答曰 三百六十九㪷

해법 다만 가진 돈을 놓고, 53말 4되로 곱해서 실로 하고 9관 879문을 법으로 해서 실을 법으로 나누면 문제에 맞는다.

術曰 列只有錢數 以五十三㪷四升乘之 爲實 以九貫八百七十文爲法 實如法而一 合問

• 역자 주해 •

해법에서는 다만 가진 돈 68관 265문 = 68.265관을 소구율, 지금 가진 쌀 53말 4되 = 53.4말을 소유수, 지금 얻을 수 있는 돈 9관 879문 = 9.879문을 소유율로 해서 소구수인 얻을 수 있는 쌀을 구하고 있다. 즉 다음과 같다.

$$\frac{68.265 \times 53.4}{9.879} = 369(\text{말})$$

이는 돈 9.879관으로 쌀 53.4말을 사들이므로, 돈 68.265관으로 쌀 x 섬을 사들인다고 하여 다음과 같은 비례식을 세워 푸는 것과 같다.

$$9.879 : 53.4 = 68.265 : x$$

상-6-3. 지금 은 22냥 5전 2푼 반을 가지면 실 6근 10냥을 바꿀 수 있다. 다만 실을 304근 12냥 가지고 있다. 은으로 바꾸면 얼마인가?

今有銀二十二兩五錢二分半 倒絲六斤一十兩 只有絲三百四斤一十二兩 問倒銀幾何

답 1036냥 1전 반

答曰 一千三十六兩一錢半

해법 다만 가진 실을 놓고, 근 미만을 환산한 값에 22냥 5전 2푼을 곱하여 실로 한다. 6근 6분 2리 반을 법으로 해서 실을 법으로 나눈다. 「6푼 2리 반은 10냥을 근으로 환산하면 0.625근이기 때문이다.」 문제에 맞는다.

術曰 列只有絲數 斤下留兩 以二十二兩五錢二分半乘之 爲實 以六斤六分二釐半爲法 實如法而一 「六分二釐半者 乃十留六二五」 合問

• 역자 주해 •

해법에서는 다만 가진 실 304근 12냥 = 304.75근을 소구율, 지금 가진 은 22냥 5전 2푼 반 = 22.525냥을 소유수, 지금 바꿀 수 있는 실 6근 10냥 = 6.625근을 소유율로 해서 소구수인 은을 구하고 있다. 즉 다음과 같다.

$$\frac{304.75 \times 22.525}{6.625} = 1036.15(\text{냥}) = 1036\text{냥 } 1\text{전 } 5\text{푼}$$

이는 실 6.625근을 은 22.525냥과 바꾸므로, 실 304.75근을 은 x 냥과 바꾼다고 하여 다음과 같은 비례식을 세워 푸는 것과 같다.

$$6.625 : 22.525 = 304.75 : x$$

상-6-4. 지금 실 6근 10냥을 가지고 있으면 은으로 치면 22냥 5전 2푼 반이다. 다만 은을 1036냥 1전 반 가지고 있다. 실을 얻으면 얼마인가?

今有絲六斤二十兩 直銀二十二兩五錢二分半 只有銀一千三十六兩一錢半 問得絲幾何

답 304근 12냥

答曰 三百四斤一十二兩

해법 다만 가진 은의 수량을 놓고, 6근 6분 2리 반을 곱해서 실로 하고 22냥 5전 2푼 반을 법으로 해서 나눈다. 근 미만의 값에 16을 곱하면 냥이 되어 문제에 맞는다.

術曰 列只有銀數 以六斤六分二釐半乘之 爲實 以二十二兩五錢二分半爲法 除之 斤下分者 身外加六 爲兩 合問

역자 주해

해법에서는 다만 가진 은 1036냥 1전 반 = 1036.15냥을 소구율, 지금 가진 실 6근 10냥 = 6.625근을 소유수, 지금 얻을 수 있는 은 22냥 5전 2푼 반 = 22.525냥을 소유율로 해서 소구수인 얻을 수 있는 실을 구하고 있다. 즉 다음과 같다.

$$\frac{1036.15 \times 6.625}{22.525} = 304.75(\text{근}) = 304\text{근 } 12\text{냥}$$

이는 은 22.525냥으로 실 6.625근을 사들이므로, 은 1036.15냥으로 실을 x 근을 사들인다고 하여 다음과 같은 비례식을 세워 푸는 것과 같다.

$$22.525 : 6.625 = 1036.15 : x$$

상-6-5. 지금 어떤 사람이 길이가 1필 1장 4자고 너비는 1자 8치인 비단을 빌렸다. 현재 너비가 2자 5치인 비단으로 돌려주려고 한다. 돌려주어야 할 길이는 얼마인가? 「1필은 32자다.」

今有人借絹一匹一丈四尺闊一尺八寸 今還絹闊二尺五寸 問還長幾何「匹法三十二尺」

답 1필 1자 1치 2푼

答曰 一匹一尺一寸二分

해법 비단을 놓고 자로 환산하고 아래 수를 더하면 46자를 얻는다. 그것에 너비 1자 8치를 곱해서 실로 한다. 2자 5치를 법으로 해서 나눈다. 이에 필법으로 묶어주면 문제에 맞는다.

術曰 列絹 通尺內子 得四十六尺 以闊一尺八寸乘之 爲實 以二尺五寸爲法 除之 仍以匹法約之 合問

역자 주해

문제에서는 빌린 비단을 그와 같은 넓이의 비단을 갚는 경우에 비단의 길이와 너비 사이의 관계를 생각하고 있다. 해법에서는 빌린 비단의 길이 1필 1장 4자 = 46자를 소구율, 빌린 비단의 너비 1자 8치 = 1.8자를 소유수, 갚을 비단의 너비 2자 5치 = 2.5자를 소유율로 해서 소구수인 갚을 비단의 길이를 구하고 있다. 즉 다음과 같다.

$$\frac{46\times 1.8}{2.5} = 33.12(\text{자}) = 1\text{필 } 1\text{자 } 1\text{치 } 2\text{푼}$$

이는 직사각형의 넓이와 가로의 길이가 주어졌을 때 세로의 길이를 구하는 문제와 같은 유형으로, 비례식으로 설명할 수 없다. 왕감은 이를 '반비례'와 관계있다고 말했다.

상-6-6. 지금 어떤 사람이 길이가 1필 1자 1치 2푼이고 너비는 2자 5치인 비단을 빌렸다. 현재 너비가 1자 8치인 비단으로 돌려주려고 한다. 돌려주어야 할 길이는 얼마인가? 「필법은 앞과 같다.」

今有人借絹一匹一尺一寸二分闊二尺五寸 今還絹闊一尺八寸 問還長幾何「匹法同前」

답 1필 1장 4자

答曰 一匹一丈四尺

해법 비단을 놓고 자로 통일하고 아래 수를 합하면 33자 1치 2푼을 얻는다. 그것에 너비 2자 5치를 곱해서 실로 한다. 1자 8치를 법으로 해서 실을 법으로 나눈다. 이에 필법으로 묶어주면 문제에 맞는다.

術曰 列絹 通尺內子 得三十三尺一寸二分 以二尺五寸乘之 爲實 以一尺八寸爲法 實如法而一 仍以匹法約之 合問

역자 주해

이 문제에서도 빌린 비단을 그와 같은 넓이의 비단을 갚는 경우에 비단의 길이와 너비 사이의 관계를 생각하고 있다. 해법에서는 빌린 비단의 길이 1필 1자 1치 2푼 = 33.12자를 소구율, 빌린 비단의 너비 2자 5치 = 2.5자를 소유수, 갚을 비단의 너비 1자 8치 = 1.8자를 소유율로 해서 소구수인 갚을 비단의 길이를 구하고 있다. 즉 다음과 같다.

$$\frac{33.12 \times 2.5}{1.8} = 46(\text{자}) = 1\text{필 } 1\text{장 } 4\text{자}$$

이는 직사각형의 넓이와 가로의 길이가 주어졌을 때 세로의 길이를 구하는 문제와 같은 유형으로, 비례식으로 설명할 수 없다. 왕감은 이를 '반비례'와 관계있다고 말했다.

상-6-7. 지금 비단을 7필 6자 5치 짜는 데 실이 8근 2냥 21수 들었다. 84필 1장 5자 짜려고 한다. 사용되는 실은 얼마인가? 「1필은 24자다.」

今有織錦七匹六尺五寸 用絲八斤二兩二十一銖 欲織八十四匹一丈五尺 問用絲幾何「匹法二十四尺」

답 95근 3냥 6수

答曰 九十五斤三兩六銖

해법 8근을 놓고 냥으로 환산하고 아랫수 2를 합하면 130냥을 얻는다. 24수로 환산하고 아랫수 21을 합하여 얻은 3141수를 위에 놓는다. 또 84필을 놓고 필법으로 환산해서 아랫수를 더하면 2031자를 얻는다. 윗자리의 수에 곱하여 얻은 6379371을 실로 한다. 또 7필을 놓고 자로 환산해서 아랫수를 더하여 얻은 174자 5치를 법으로 한다. 나누면 36558수를 얻는다. 근수법 384로 묶으면 근이 되고 법에 차지 않는 것은 냥수법 24로 묶어주면 냥이 되고 법에 차지 않는 것은 명하면 문제에 맞는다.

術曰 列八斤 通兩 內子二 得一百三十兩 以二十四銖通之 內子二十一 得三千一百四十一銖 於上位 又列八十四匹 以匹法通之 內子 得二千三十一尺 以乘上位 得六百三十七萬九千三百七十一爲實 又列七匹 通尺內子 得一百七十四尺五寸 爲法 除之 得三萬六千五百 五十八銖 以斤銖法三百八十四約之 爲斤 不滿法者 以兩銖法二十四約之 爲兩 不滿法者命之 合問

해법에서는 지금 가진 실 8근 2냥 21수 = 128냥 2냥 21수 = 130냥 21수 = 3120수 21수 = 3141수를 소구율, 짜려고 하는 비단 84필 1장 5자 = 2016자 10자 5자 = 2031자를 소유수, 지금 짠 비단 7필 6자 5치 = 168자 6자 5치 = 174.5자를 소유율로 해서 소구수인 사용할 실을 구하고 있다. 즉 다음과 같다.

$$\frac{3141 \times 2031}{174.5} = \frac{6379371}{174.5} = 36558(\text{수}) = (95 \times 384+78)\text{수} = 95\text{근}\ \ (3 \times 24+6)\text{수}$$

$$= 95\text{근 } 3\text{냥 } 6\text{수}$$

그런데 비단 174.5자를 짜기 위해 실이 3141수 필요하므로 비단을 2031자 짜기 위해 필요한 실이 x수라고 하여 다음과 같은 자연스러운 비례식을 세워 푸는 것에 대응하는 금유술과 비교하면 소유수과 소구율이 바뀌어 있다.

$$174.5 : 3141 = 2031 : x$$

복잡한 단위 환산을 먼저 하다가 약간의 착오가 생긴 것으로 보인다. 이 문제의 환원인 다음 문제와 비교하자.

상-6-8. 지금 실 8근 2냥 21수를 가지면 비단을 7필 6자 5치 짠다. 다만 실을 95근 3냥 6수 가지고 있다. 비단을 짜면 얼마인가? 「1필은 앞과 같다.」

今有絲八斤二兩二十一銖 織錦七匹六尺五寸 只有絲九十五斤三兩六銖 問織錦幾何 「匹法同前」

답 84필 1장 5자

答曰 八十四匹一丈五尺

해법 다만 가진 실을 놓고 냥으로 환산하고 아랫수 2를 더하면 1523냥을 얻는다. 24수로 환산해서 아랫수 6을 더하면 모두 36558수를 얻고 그것을 위에 놓는다. 또 7필을 놓고 자로 환산해서 아랫수를 더하면 174자 5치를 얻는다. 윗자리 수와 곱하면 637만 9371을 얻어 실로 한다. 또 8근을 놓고 냥으로 환산해서 아랫수를 더하면 130냥을 얻고, 24수로 환산해서 아랫수 21을 더하면 모두 3141을 얻어 법으로 한다. 실을 법으로 나누면 2031자를 얻는다. 필법으로 묶으면 문제에 맞는다.

術曰 列只有絲 通兩 內子 得一千五百二十三兩 以二十四銖通之 內子六 共得三萬六千五百五十八銖 於上位 又列七匹 通尺內子 得一百七十四尺五寸 以乘上位 得六百三十七萬九千三百七十一 爲實 又列八斤 通兩內子 得一百三十兩 以二十四銖通之 內子二十一 共得三千一百四十一 爲法 實如法而一 得二千三十一尺 以匹法約之 合問

해법에서는 다만 가진 실 95근 3냥 6수 = 36558수를 소구율, 지금 짠 비단 7필 6자 5치 = 174.5자를 소유수, 지금 가진 실 8근 2냥 21수 = 3141수를 소유율로 소구수인 앞을 짤 실을 구하고 있다. 즉 다음과 같다.

$$\frac{36558 \times 174.5}{3141} = \frac{6379371}{3141} = 2031(\text{자}) = 84\text{필 }1\text{장 }5\text{자}$$

이는 실 3141수로 비단 174.5자를 짜므로, 실 36558수로 짤 수 있는 비단을 x 자라고 하여 다음과 같은 비례식을 세워 푸는 것과 같다.

$$3141 : 174.5 = 36558 : x$$

7

고무해세문 열한 문제

庫務解稅門 十一問

여기서는 이자와 관련된 다섯 문제와 세금과 관련된 여섯 문제를 다루고 있다. 기본적으로 도량형의 단위 변환이 필요하고, 금유술 또는 이승동제를 활용하는 문제가 주를 이루고 있다. 일반적으로 '고무해세'에 나오는 문제들은 앞에서 설명한 비례법에서 주어진 세 개의 율중 하나가 단위 1인 경우이다. 이것을 『구장산술』에서는 '경률술'이라 하였다.

상-7-1. 지금 어떤 사람이 돈 85관 700문을 빌렸다. 한 관에 월 이자가 30문이고 지금 8개월이 되었다. 이자는 얼마인가?

今有人典錢八十五貫七百文 每貫月利三十文 今八箇月 問利錢幾何

답 20관 568문

答曰 二十貫五百六十八文

해법 본래의 돈 85관 700문을 윗자리에 놓는다. 8개월을 놓고 30문으로 곱하면 240문을 얻는다. 윗자리와 곱하면 곧 답을 얻는다. 「지금 가진 것으로」 문제에 맞는다.

術曰 列本錢八十五貫七百文於上位 置八箇月 以三十文乘之 得二百四十文 以乘上位 卽得「而今有之」合問

역자 주해

1관의 8개월 이자가 $8 \times 30 = 240$문이므로, 85관 700문 = 85.7관의 8개월 이자를 x 문이라고 하면 다음 비례식이 성립한다.

$$1 : 240 = 85.700 : x$$

따라서 구하는 값은 따라서 금유술(경률술) 또는 이승동제의 방법에 따라 다음과 같다.

$x = 85.7 \times 240 = 20568$(문) = 20관 568문

상-7-2. 지금 어떤 사람이 돈을 236관 빌렸다. 한 관에 월 이자는 25문이고 지금 7개월 9일이 되었다. 이자는 얼마인가?

今有人典錢二百三十六貫 每貫月利二十五文 今七箇月九日 問利錢幾何

답 43관 70문

答曰 四十三貫七十文

해법 9일을 30일로 나누면 3분을 얻는다. 더해 넣으면 7개월 3분이 된다. 25문을 그것에 곱해서 얻은 수로 본래의 돈 236관을 곱하면 문제에 맞는다.

術曰 列九日 以三十日除之 得三分 加入七箇月三分 以二十五文乘之 得數 以乘本錢二百三十六貫 合問

• 역자 주해 •

원금 1관에 대해 7개월 9일 = 7.3개월 동안의 이자가 $25 \times 7.3 = 182.5$문이므로, 원금 236관에 대한 같은 기간의 이자를 x라 하면 다음과 같은 비례식이 성립한다.

$1 : 182.5 = 236 : x$

따라서 구하는 값은 따라서 금유술(경률술) 또는 이승동제의 방법에 따라 다음과 같다.

$$x = 236 \times 182.5 = 43070(\text{문}) = 43\text{관 } 70\text{문}$$

상-7-3. 지금 어떤 사람이 은을 25냥 빌렸다. 한 냥의 월 이자는 2푼 5리이다. 며칠이면 원금과 이자가 꼭 같아지는가?

今有人借銀二十五兩 每兩月利二分五釐 問幾何日而本利適等

답 40개월

答曰 四十箇月

해법 빌린 은을 실로 하고 6전 2푼 5리를 법으로 해서 실을 법으로 나눈다. 「법의 수는 곧 2푼 5리를 빌린 은에 곱한 값이다. 따라서 법이 된다.」 문제에 맞는다.

術曰 列借銀 爲實 以六錢二分五釐 爲法 實如法而一 「爲法之數 乃是二分五釐乘借銀 故爲法」 合問

별해 빌린 은 1냥을 놓고 실로 한다. 2푼 반을 법으로 해서 실을 법으로 나누면 또한 앞의 문제에 맞는다.

又術曰 列銀一兩 爲實 以二分半 爲法 實如法而一 亦合前問

역자 주해 1

위의 해법은 다음과 같다. 1냥의 월리가 2푼 5리 = 0.25전 = 0.025냥이므로 25냥의 월리를 x 냥이라고 하면 다음 비례식이 성립한다.

$$1 : 0.025 = 25 : x$$

그러므로 구하는 값은 따라서 금유술(경률술) 또는 이승동제의 방법에 따라 다음과 같다.

$$x = 25 \times 0.025 = 0.625(\text{냥})$$

따라서 다음과 같이 원래의 은과 이자는 40개월만에 같아진다.

$$25 \div 0.625 = 40(\text{개월})$$

역자 주해 2

별해는 다음과 같다. 은 1냥의 1달 이자가 0.025냥이므로 이자가 1냥과 같아지는 개월 수를 x라 하면 다음 식이 성립한다.

$$0.025 : 1 = 1 : x$$

따라서 구하는 값은 금유술(경률술) 또는 이승동제의 방법에 따라 다음과 같다.

$$x = 1 \div 0.025 = 40(\text{개월})$$

상-7-4. 지금 어떤 사람이 돈을 빌려 원금과 이자를 합하여 모두 996관 656문을 갚았다. 다만 한 관의 월 이자는 35문이고 지금 9개월 18일 되었다고 한다. 처음 빌린 돈은 얼마인가?

今有人借錢 共還本利九百九十六貫六百五十六文 只云每貫月利三十五文 今九箇月一十八日 問元借錢幾何

답 746관

答曰 七百四十六貫

해법 합해서 갚은 돈을 두고 실로 한다. 9개월 6분을 놓자. 「6분이라는 것은 곧 30일로 18일을 나눈 것이다.」 35문으로 곱해서 얻은 수에 본래의 돈 한 관을 더하면 모두 1관 336문을 얻고 법으로 한다. 실을 법으로 나누면 원래 빌린 돈의 수를 얻어 문제에 맞는다.

術曰 置共還錢 爲實 列九箇月六分 「六分者 乃三十日 除一十八日」 以三十五文乘之 得數 加本錢一貫 共得一貫三百三十六文 爲法 實如法而一 得元借錢數 合問

• 역자 주해 •

위의 해법은 다음과 같다. 먼저, 빌린 기간을 다음과 같이 단위를 월로 바꾼다.

9개월 (18 ÷ 30)개월 = 9개월 0.6개월 = 9.6개월

1관의 월리가 35문이므로, [단리법에 따라] 1관을 9개월 18일 = 9.6개월 빌렸을 때의 원리합계는 다음과 같다.

(원리합계) = (원금)+(이자) = 1관+(35 × 9.6)문 = 1관 336문 = 1.336관

그러므로 돈 x 관을 9.6개월 빌렸을 때의 원리합계가 996관 656문 = 996.656관이라고 하면 다음 비례식이 성립한다.

$1.336 : 1 = 996.656 : x$

따라서 구하는 값은 금유술(경률술) 또는 이승동제의 방법에 따라 다음과 같다.

x = 996.656 ÷ 1.336 = 746(관)

상-7-5. 지금 어떤 사람이 은 90냥을 빌렸는데, 월 이자는 2냥이다. 다만 오늘 모두 합하여 4356냥을 갚았는데 3개월 12일이 지났다. 본래 은과 이자 은은 얼마인가?

今有人借銀九十兩 月利二兩 只云今共還四千三百五十六兩 經三箇月一十二日 問本利幾何

답 본래 은 4050냥
이자 은 306냥

答曰 本銀四千空五十兩
利銀三百六兩

해법 합해서 갚은 은을 두고 90냥을 곱해 얻은 392040을 실로 한다. 3개월 4분에 2냥을 곱해서 얻은 수에 90냥을 더해 넣으면 모두 96냥 8전을 얻고 법으로 한다. 실을 법으로 나누면 본래의 은을 얻는다. 합해서 갚은 은의 수량에서 빼면 남은 것이 곧 이자 은이고 문제에 맞는다.

術曰 置共還銀 以九十兩乘之 得三十九萬二千四十 爲實 三箇月四分 以二兩因之 得數 加入九十兩 共得九十六兩八錢 爲法 實如法而一 得本銀 反減共還銀數 餘卽利銀也 合問

• 역자 주해 •

위의 해법은 다음과 같다. 은 90냥마다 월리가 2냥이므로, [단리법에 따라] 90냥을 3개월 12일 = 3.4개월 빌렸을 때의 원리합계는 다음과 같다.

(원리합계) = (원금)+(이자) = 90냥+(2 × 3.4)냥 = 90냥 6.8냥 = 96.8냥

그러므로 은 x 냥을 3.4개월 빌렸을 때의 원리합계가 4356냥이라고 하면 다음 비례식이 성립한다.

$$96.8 : 90 = 4356 : x$$

따라서 구하는 값은 금유술 또는 이승동제의 방법에 따라 다음과 같다.

$$x = (4356 \times 90) \div 96.8 = 392040 \div 96.8 = 4050(\text{냥})$$

한편, 이자는 다음과 같다.

$$(\text{이자}) = (\text{원리합계}) - (\text{원래의 은}) = 4356 - 4050 = 306(\text{냥})$$

상-7-6. 지금 관영 창고에서 모두 1811섬 3말 1되 4작의 양곡을 거두어들였다. 한 말마다 모미[1]가 7홉 5작 6초 포함되어 있다. 정식 양곡은 얼마인가?

今有官倉共收粮一千八百一十一碩三蚪一升四勺　每蚪帶耗七合五勺六秒 問正粮幾何

답 1684섬

答曰 一千六百八十四碩

해법 거두어들인 양곡 전체를 놓고 실로 한다. 정식 양곡과 모미를 합하여 얻은 1되 7홉 5작 6초를 법으로 한다. 실을 법으로 나누면 문제에 맞는다.

術曰 列共收糧 爲實 併正耗粮 得一蚪七合五勺六抄 爲法 實如法而一 合問

---

1) 앞에서 설명한 대로, 모미(耗米) 또는 모곡(耗穀)은 세곡(稅穀) 또는 환곡(還穀)을 받을 때 곡식을 쌓아둘 동안 축이 나는 것을 미리 짐작하여 한 섬에 얼마씩 덧붙여 받던 곡식을 말한다.

정식 양곡 1말에 대해 모미를 포함하여 거두어들이는 양이 1.0756말이므로, 18113.104말의 양곡 중에서 원래의 정식 양곡을 x말이라 하면 다음 식이 성립한다.

$$1.0756 : 1 = 18113.104 : x$$

따라서 구하는 값은 금유술(경률술) 또는 이승동제의 방법에 따라 다음과 같다.

$$x = 18113.104 \div 1.0756 = 16840(\text{말}) = 1684\text{섬}$$

상-7-7. 지금 세무법에 따르면 30관에 세금으로 1관을 낸다. 객이 실 640근을 갖고 있고 한 근 값은 3관 252문이다. 세금으로 내는 돈은 얼마인가?

今有稅務法則三十貫納稅一貫　客持絲六百四十斤　斤價三貫二百五十二文　問納稅錢幾何

답 69관 376문

答曰 六十九貫三百七十六文

해법 실의 근수를 놓고 한 근 값으로 곱하면 2081관 280문을 얻는다. 또 그것에 1관을 곱해서 실로 한다. 30관을 법으로 해서 실을 법으로 나눈다. 「지금 가진 것」 문제에 맞는다.

術曰 列絲數 以斤價乘之 得二千八十一貫二百八十文 又以一貫乘之 爲實 以三十貫 爲法 實如法而一 「而今有之」 合問

역자 주해

위의 해법은 다음과 같다. 30관에 대한 세금이 1관이므로, 실의 값 640근 × 3.252관 / 근 = 2081.28관에 대한 세금을 x관이라 하면 다음 식이 성립한다.

$$30 : 1 = 2081.28 : x$$

따라서 구하는 값은 금유술(경률술) 또는 이승동제의 방법에 따라 다음과 같다.

$$x = 2081.28 \div 30 = 69.376(\text{관}) = 69\text{관 } 376\text{문}$$

상-7-8. 지금 어떤 객이 향을 784근 가지고 있다. 박사[2]가 그것에 세금을 매겨서 8 중의 1을 가져간다. 지금 100근을 세금으로 하고 객전으로 돈 1관 730문을 붙여 거슬러 주었다. 한 근 값은 얼마인가?

今有客持香七百八十四斤 舶司稅之八而取一 今稅一百斤 却貼與客錢一貫七百三十文 問斤價幾何

답 865문

答曰 八百六十五文

해법 객이 가지고 있는 향의 수를 놓고 8중 1을 취하면 98근을 얻는다.「곧 전체 세금으로 내는 향의 수이다.」100근에서 빼면 2근이 남고 법으로 한다. 객전으로 붙여준 것을 놓고 실을 법으로 나누면 근 값을 얻는다. 문제에 맞는다.

術曰 列客持香數 以八而一 得九十八斤「乃合稅之香數」以減一百斤 餘二斤 爲法 列貼與客錢 爲實 實如法而一 得斤價也 合問

• 역자 주해 •

향 784근에 대해 낼 세금이 $784 \times \frac{1}{8} = 98$(근)인데 100근을 내었을 때 차이 2근이 곧 객전 1730문에 해당하므로, 향 1근의 값을 x문이라 하면 다음 식이 성립한다.

$$2 : 1730 = 1 : x$$

따라서 구하는 값은 금유술(경률술) 또는 이승동제의 방법에 따라 다음과 같다.

$$x = 1730 \div 2 = 865\text{(문)}$$

2) 艄司, 배의 책임자.

상-7-9. 지금 어떤 객이 진주를 3760알 가지고 있다. 박사가 그것에 세금을 매겨서 40중의 3을 가져간다. 지금 300알을 세금으로 하고 객전으로 10관 350문을 붙여 주었다. 150알의 진주를 사려고 한다. 돈으로 주면 얼마인가?

今有客持珍珠三千七百六十顆 舶司稅之四十取三 今稅訖三百顆 貼與客錢一十貫三百五十文 欲買一百五十顆 問與錢幾何

답 86관 250문

答曰 八十六貫二百五十文

해법 객의 진주 수를 놓고 40 중 3을 취하면 282알을 얻는다. 「곧 전체 세금으로 내는 진주의 수이다.」 300알에서 빼면 18알이 남고 법으로 한다. 150알을 놓고 객전으로 붙여준 돈으로 곱해서 실로 한다. 실을 법으로 나누면 곧 얻을 수 있다. 문제에 맞는다.

術曰 列客珠數 三之四十而一 得二百八十二顆 「乃合稅之珠數」 以減三百顆 餘一十八 爲法 列一百五十顆 以貼與客錢乘之 爲實 實如法而一 卽得合問

• 역자 주해 •

3760알에 대해 $3760 \times \frac{3}{40} = 282$(알)이 세금이므로, 300알과의 차 18알을 거슬러 주어야 한다. 대신 10관 350문 = 10350문을 주었으므로 이것이 곧 18알의 값이 된다. 따라서 150알의 값을 x문이라고 하면 다음 식이 성립한다.

$$18 : 10350 = 150 : x$$

따라서 구하는 값은 금유술(경률술) 또는 이승동제의 방법에 따라 다음과 같다.

$$x = (150 \times 10350) \div 18 = 1552500 \div 18 = 86250(\text{문}) = 86\text{관 } 250\text{문}$$

상-7-10. 지금 어떤 객이 후추를 가지고 있다. 두 번 세금을 받는다. 처음에는 10에서 1을 받고 다음에는 나머지에서 30분의 1을 받는다. 지금 모두 35근 1냥 6전을 세금으로 냈다. 객이 원래 가지고 있던 후추는 얼마인가?

今有客持胡椒 兩務稅之 先稅十取一 次稅三十分取一 今共稅訖三十五斤一兩六錢 問客元持椒幾何

답 270근

答曰 二百七十斤

해법 세금으로 낸 후추 전체를 놓고 냥으로 환산해서 아랫수를 더하면 561냥 6전을 얻는다. 그것을 10배해서 실로 한다. 1냥 3전을 법으로 해서 실을 법으로 나눈다.「법의 수로 삼은 것은 10냥을 기준으로 하면 두 번에 걸친 총 관세는 1냥 3전이다. 그러므로 법이 된다.」근율

16으로 묶는다. 「지금 시장에서 박사 가지는 것」 문제에 맞는다.

術曰 列共稅訖椒數 通兩 內子 得五百六十一兩六錢 十之 爲實 以一兩三錢 爲法 實如法而一 「爲法之數 以十兩爲率 兩次官合稅一兩三錢 故爲法也」 以斤率十六約之 「今市舶司有之」 合問

역자 주해

해법은 다음과 같다. 10냥에 대해 내는 세금을 계산하면 $10\times\frac{1}{10}+(10-1)\times\frac{1}{30}=1.3$(냥)이므로, 세금 35근 1냥 6전 = 561.6냥을 내기 위해 원래 가진 호초를 x냥이라 하면 다음 식이 성립한다.

$$1.3:10=561.6:x$$

따라서 구하는 값은 금유술 또는 이승동제의 방법에 따라 다음과 같다.

$$x=(561.6\times 10)\div 1.3=5616\div 1.3=4320(\text{냥})=(270\times 16)\text{냥}=270\text{근}$$

상-7-11. 지금 어떤 객이 항진향을 가지고 있다. 두 번 세금을 받는다. 처음에는 30에서 1을 받고 다음에는 나머지에서 50에 대하여 3을 받는다. 남은 것이 3000근이다. 객이 원래 가지고 있던 항진향은 얼마인가?

今有客持降眞香 兩務稅之 先稅三十取一 次稅五十取三 餘有三千斤 問客元持降眞幾何

답 $3301\frac{737}{1363}$근

答曰 三千三百空一斤 [一千三百六十三分斤之七百三十七]

해법 3000근을 두고 세금으로 내는 30을 곱하고 또 50을 곱하면 450만을 얻고 실로 한다. 세금으로 내지 않는 29와 47을 서로 곱하면 1363을 얻고 법으로 한다. 실을 법으로 나누고 법에 차지 않는 것은 분수로 나타내면 문제에 맞는다.

術曰 置三千斤 以所稅者三十乘之 又以五十乘之 得四百五十萬 爲實 以不稅者二十九四十七相乘 得一千三百六十三 爲法 實如法而一 不滿法者命分 合問

羅氏 拊釋 案先稅三十分 取一 以子減母餘不稅者 二十九 次稅 五十分 取三 亦以子減母 餘不稅者四十七

• 역자 주해 •

1근에 대해 두 번의 세금을 낸 후의 나머지는 $\frac{29}{30}\times\frac{47}{50}$(근)이므로, 세금을 내고 3000근이 남았을 때 원래 가지고 있던 향의 양을 x근이라 하면 다음 식이 성립한다.

$$\frac{29}{30}\times\frac{47}{50} : 1 = 3000 : x$$

따라서 구하는 값은 금유술(경율술) 또는 이승동제의 방법에 따라 다음과 같다.

$$x=\frac{3000\times30\times50}{29\times47}=\frac{4500000}{1363}=3301\frac{737}{1363}$$

8

절변호차문 열다섯 문제

折變互差門 十五問

여기서는 비교적 복잡한 비례 문제를 다루는데,[1] 물물 교환, 두 가지 이상의 물건 또는 돈으로 빚 갚기, 세 가지 물건을 정해진 비율에 따라 구매하기, 여러 가지 곡식으로 세금 내기 등의 문제를 다룬다. 또 금의 농도와 관련된 문제와 두 가지 방법으로 벼 찧기, 두 가지 배로 운반하기, 여러 사람에게 정해진 비율에 따라 물건 배분하기 등의 문제를 다룬다. 특히, 여섯째와 일곱째 문제는 이번 문의 제목인 '절변호차'의 방법이 그대로 적용되는 문제이다.

모든 문제는 일차 방정식으로 풀 수 있는데, 여기서는 금유술 또는 이승동제의 방법을 매우 적절하게 구사해서 미지수에 의지하지 않고 문제를 해결하고 있다.

---

1) 孔國平(2000),『李冶朱世杰与金元數學』, 河北科學技術出版社, 328면.

다음은 황윤석의 『산학입문』에서 따온 ‘절변호차’에 관한 설명이다.[2)]

「절변은 바로 상공이다」「折變卽商功也」

추분법은 주어진 물건 안에서 생각한다.
용역비를 여기에 곱하여 총액을 구한다.
별도로 용역비와 물건의 값을 계산하여
법을 만들어 앞에 구한 총액을 나누어
용역비의 총액을 구하여 빼보면
나머지가 구하는 합당한 답이다.
계산하는 자는 다른 방법을 생각하지 말고
이 방법을 마음속에 기억하라.

「『계몽』에 있다. 달리 ‘취물추분’이라고도 한다. 원래 주어진 곡식을 놓고 여기에 운반비를 곱한다. 이것을 별도로 곡식 한 말 값과 운반비를 더하여 얻은 수로 나누어 총 운반비에 해당하는 곡식을 얻는다. 주어진 곡식에서 이 운반비에 해당하는 곡식을 뺀 나머지가 구하는 주된 곡식이다. 이 밖에 능(얇은 무늬 비단), 라(올이 고운 비단), 견(얇은 비단) 등의 비단 셈도 모두 이와 같다.」

抽分法就物中抽 脚價乘他都物求
別用脚錢搭物價 以爲其法要除周
除來便見脚之摠 餘者皆爲主合留
算者不須求別訣 只將此法記心頭

「啓蒙○一云就物抽分○置元粟以脚價乘之 別置每斗價搭上脚價爲法除之 得今合抽分脚粟數 於摠內減脚粟卽主粟 他羅綾等物皆倣此」

역자 주해

‘절변호차’ 또는 ‘취물추분’은 곡식을 운반할 때 운반비를 그 곡식 중

2) 황윤석 저, 강신원 · 장혜원 역(2006), 『산학입문』, 이수신편 제21권, 교우사, 149면.

에서 일정한 비율로 지불하는 경우에 실제로 운반한 곡식과 운반비로 지불한 곡식의 양을 각각 구하는 문제에 관한 것이다. 위에서 설명한 운반비에 해당하는 곡식을 구하는 방법은 다음과 같다.

$$(\text{총 운반비에 해당하는 곡식}) = \frac{(\text{주어진 곡식}) \times (\text{단위 수량의 운반비})}{(\text{단위 수량의 값}) + (\text{단위 수량의 운반비})}$$

즉, '(단위 수량의 값)+(단위 수량의 운반비)'를 소유율, '(단위 수량의 운반비)'를 소유수, '(주어진 곡식)'을 소구율로 하여 금유술 또는 이승동제의 방법으로 소구수 '(총 운반비에 해당하는 곡식)'을 구한다. 그러므로 위의 식은 다음과 같은 비례 관계로부터 얻을 수 있다.

{(단위 수량의 값)+(단위 수량의 운반비)} : (단위 수량의 운반비)
=(주어진 곡식) : (총 운반비에 해당하는 곡식)

또한 이와 같이 구한 운반비에 해당하는 곡식을 주어진 전체 곡식에서 빼면 실제로 운반한 곡식을 얻는다.

상-8-1. 지금 참기름 3냥을 가지면 채소기름 4냥과 맞바꾼다. 다만 참기름 한 근의 값은 400문이다. 반대로 채소기름 84근 12냥을 가지고 있다. 돈으로 치면 얼마인가?

今有香油三兩折菜油四兩 只云香油斤價四百文 却有菜油八十四斤一十二兩 問直錢幾何

답 25관 425문

答曰 二十五貫四百二十五文

해법 참기름 한 근 값을 놓고 3냥을 곱하고 16으로 나누면 75문을 얻는다. 「곧 참기름 3냥은 채소기름 4냥의 값과 같다.」 채소기름을 놓고 냥으로 환산해서 아랫수를 더하면 1356냥을 얻는다. 75문을 그것에 곱해서 실로 하고 4냥을 법으로 해서 나누면 문제에 맞는다.

術曰 列香油斤價 以三兩因之 十六而一 得七十五文 「乃香油三兩折菜油四兩之價」 列菜油 通兩 內子 得一千三百五十六兩 以七十五文乘之 爲實 以四兩爲法 除之 合問

• 역자 주해 •

위의 해법은 다음과 같다. 먼저, 참기름 3냥의 값을 구한다. (이는 곧 채소기름 4냥의 값이다.) 참기름 1근(= 16냥)의 값이 400문이므로 정향 3냥의 값을 x 문이라고 하면, 다음 비례식이 성립한다.

$$16 : 400 = 3 : x$$

그러므로 참기름 3냥의 값, 즉 채소기름 4냥의 값은 금유술 또는 이승동제의 방법에 따라 다음과 같다.

$$x = (400 \times 3) \div 16 = 1200 \div 16 = 75(\text{문})$$

이제, 채소기름 84근 12냥의 값을 구하기 위해, 다음과 같이 단위를 냥으로 환산한다.

84근 12냥 = (84 × 16)냥 12냥 = 1344냥 12냥 = 1356냥

채소기름 4냥의 값이 75문이므로, 채소기름 1356냥의 값을 y 문이라고 하면 다음 비례식이 성립한다.

$4 : 75 = 1356 : y$

따라서 구하는 값은 금유술 또는 이승동제의 방법에 따라 다음과 같다.

$y = (1356 \times 75) \div 4 = 25425$(문) = 25관 425문

상-8-2. 지금 어떤 사람이 돈 1만 1250관을 빚지고 있다. 이것을 돈과 은으로 똑같이 갚고자 한다. 은 1냥은 돈 5관과 맞바꾼다. 각각 갚아야 할 것은 얼마인가?

今有人欠錢一萬一千二百五十貫 欲還錢銀適等 其銀兩折錢五貫 問各還幾何

답 돈 1875관
은 1875냥

答曰 錢一千八百七十五貫
銀一千八百七十五兩

해법 빚진 돈의 관수를 놓고 5를 곱하여 얻은 56250관을 실로 한다. 30을 법으로 해서 실을 법으로 나누면 문제에 맞는다.

術曰 列欠錢數 五之 得五萬六千二百五十貫 爲實 以三十爲法 實如法而一 合問

별해 빚진 돈의 액수를 놓고 실로 한다. 전체를 6으로 나누면 곧 얻는 돈과 은이 똑같다. 「지금 가진 것 안으로 합계는 원래의 것에 이른다.」

又術曰 列欠錢數 爲實 以六除一 卽得錢銀適等也 「而今有之中 統至元是也」

역자 주해 1

위의 해법은 다음과 같다. 여기서 빚을 돈과 은으로 갚는데, 돈의 관수와 은의 냥수가 같아야 한다. 그래서 돈 1관과 은 1냥으로 갚는다면, 은 1냥은 돈 5관이므로 6관을 갚게 된다. (6의 배수 중에서 선택하는데) 원래의 돈이 30관이라고 하면, 5관은 돈으로 갚고 나머지 25관은 은 5냥으로 갚을 수 있다. 이와 같이 원래의 돈이 30관이면 갚는는 돈이 5관이다. 그러므로 빚진 돈 17250관 중에서 돈으로 x 관 갚는다고 하면, 다음 비례식이 성립한다.

$$30 : 5 = 11250 : x$$

따라서 구하는 값은 금유술 또는 이승동제의 방법에 따라 다음과 같다.

$$x = (11250 \times 5) \div 30 = 56250 \div 30 = 1875(\text{관})$$

이에 따라 갚는 은도 1875냥이다.

역자 주해 2

별해는 다음과 같다. 위에서 살펴본 대로, 원래의 돈이 6관이면 1관은 돈으로 갚고 나머지 5관은 은 1냥으로 갚을 수 있다. 이와 같이 원래의 돈이 6관이면 갚는 돈이 1관이다. 그러므로 빚진 돈 11250관 중에서 돈으로 x 관 반환한다고 하면, 다음 비례식이 성립한다.

$$6 : 1 = 11250 : x$$

따라서 구하는 값은 금유술(경률술) 또는 이승동제의 방법에 따라 다음과 같다.

$$x = 11250 \div 6 = 1875(\text{관})$$

이에 따라 갚는 은도 1875냥이다.

상-8-3. 지금 어떤 사람이 돈 1958관을 빚지고 있다. 은이 2푼이면 돈은 1푼으로 갚고자 한다. 은 1냥은 돈 5관과 맞바꾼다. 각각 갚아야 할 것은 얼마인가?

今有人欠錢一千九百五十八貫 欲還二分銀一分錢 其銀每兩折錢五貫 問各還幾何

답 돈 178관
은 356냥

答曰 錢一百七十八貫一分
銀三百五十六兩二分

해법 빚진 돈의 관수를 놓고 5를 곱하면 9790관을 얻고 실로 한다. 55를 법으로 해서 실을 법으로 나누면 돈의 관수를 얻고 두 배하면 은의 냥수가 된다. 문제에 맞는다.

術曰 列欠錢數 五之 得九千七百九十貫 爲實 以五十五爲法 實如法而一 得錢數 倍之 爲銀數也 合問

별해 빚진 돈의 관수를 놓고 실로 한다. 신외감일하면(11로 나누면) 돈을 얻는다. 「두 배하면 은이 된다.」

又術 列欠錢 爲實 身外減一 得錢也 「倍之爲銀」

坿釋 案此與弟二術同唯弟二問 銀錢適等 此則二分銀一分錢 故以銀二兩折錢十貫 合錢一貫 共得一十一貫 亦五通 得五十五爲法 又術較捷

• 역자 주해 1 •

해법은 다음과 같다. 여기서 빚을 돈과 은으로 갚는데, 돈의 관수와 은의 냥수의 비가 1 : 2가 같아야 한다. 그래서 돈 1관과 은 2냥으로 갚는다면, 은 1냥은 돈 5관이므로 11관을 갚게 된다. (11의 배수 중에서 선택하는데) 원래의 돈이 55관이면 5관은 돈으로 갚고 나머지 50관은 은 10냥으로 갚을 수 있다. 이와 같이 원래의 돈이 55관이면 갚는 돈이 5관이다. 그러므로 차용한 돈 1958관 중에서 돈으로 x 관 갚는다고 하면, 다음 비례식이 성립한다.

$55 : 5 = 1958 : x$

따라서 구하는 값은 금유술 또는 이승동제의 방법에 따라 다음과 같다.

$x = (1958 \times 5) \div 55 = 9790 \div 55 = 178$(관)

이에 따라 갚는 은은 $2 \times 178 = 356$(냥)이다.

역자 주해 2

별해는 다음과 같다. 위에서 살펴본대로 원래의 돈이 11관이면 1관은 돈으로 갚고 나머지 10관은 은 2냥으로 갚을 수 있다. 이와 같이 원래의 돈이 11관이면 갚는 돈이 1관이다. 그러므로 빚진 돈 1958관 중에서 돈으로 x관 갚는다고 하면, 다음 비례식이 성립한다.

$11 : 1 = 1958 : x$

따라서 구하는 값은 금유술(경률술) 또는 이승동제의 방법에 따라 다음과 같다.

$x = 1958 \div 11 = 178$(관)

이에 따라 반환하는 은은 $2 \times 178 = 356$(냥)이다.

상-8-4. 지금 돈 73관 584문을 가지고 기름, 국수, 가루 세 가지 물건을 똑같이 사고자 한다. 기름 한 근 값은 348문이고 국수 한 근 값은 124문이며 가루 한 근 값은 112문이다. 각각의 같은 무게는 얼마인가?

今有錢七十三貫五百八十四文 欲買油麵粉三色適等 油斤價三百四十八文 麵斤價一百二十四文 粉斤價一百一十二文 問各等重幾何

답 126근

答曰 一百二十六斤

해법 돈의 문수를 놓고 실로 한다. 세 가지 물건의 한 근 값을 합하여 얻은 584문 법으로 한다. 실을 법으로 나누면 같은 무게를 얻는다. 문제에 맞는다.

術曰 列錢數 爲實 幷三色斤價 得五百八十四文 爲法 實如法而一 得等重也 合問

• 역자 주해 •

위의 해법은 다음과 같다. 세 가지 물건을 똑같은 무게씩 사야 한다. 각각 한 근씩 산다면, 348+124+112 = 584(문)이 든다. 이에 따라 584문으로 각각 1근씩 사므로, 돈 전체 73관 584문 = 73584문으로 각각 x 근씩 산다면 다음 비례식이 성립한다.

$$584 : 1 = 73584 : x$$

따라서 구하는 값은 금유술(경률술) 또는 이승동제의 방법에 따라 다음과 같다.

$x = 73584 \div 584 = 126$(근)

상-8-5. 지금 돈 7491관 890문을 가지고 능, 라, 견을 사려고 한다. 능의 한 필 값은 12관 760문이고 라의 한 필 값은 9관 894문이며 견의 한 필 값은 766문이다. 반드시 능 1, 라 2, 견 3으로 사야 한다. 세 가지는 각각 얼마인가?

今有錢七千四百九十一貫八百九十文 欲買綾羅絹 綾匹價一十二貫七百六十文 羅匹價九貫八百九十四文 絹匹價七百六十六文 須要綾一羅二絹三買之 問三色各幾何

답 능 215필
라 430필
견 645필

答曰 綾二百一十五匹
羅四百三十匹
絹六百四十五匹

해법 돈의 액수를 놓고 실로 한다. 라의 값을 두 배하고 견의 값을 세 배해서 능의 값에 더해 넣으면 모두 합해 34관 846문을 얻고 법으로 한다. 실을 법으로 나누면 능을 얻는다. 그 다음 윗자리에 놓고 그것을 두 배하면 라가 된다. 아랫자리에 그것을 세 배하면 견이 된다. 문제에 맞는다.

術曰 列錢數 爲實 二之羅價 三之絹價 加入綾價 共併得三十四貫八百四十六文 爲法 實如法而一 得綾 副置上位 倍之爲羅 下位三之爲絹 合問

역자 주해

위의 해법은 다음과 같다. 구매하는 능, 라 견의 필수는 1 : 2 : 3이어야 한다. 이때 능 1필, 라 2필, 견 3필의 값을 더하면 다음과 같다.

(12관760문)+(9관894문) × 2+(766문) × 3 = 34846문

이에 따라 34864문을 쓰면 능 1필을 사므로, 전체 7491관 890문 = 7491890문을 쓰면 능 x 필을 산다면, 다음 비례식이 성립한다.

$34846 : 1 = 7491890 : x$

따라서 구하는 능의 필수는 금유술(경률술) 또는 이승동제의 방법에 따라 다음과 같다.

$x = 7491890 \div 34846 = 215$(필)

그러므로 라는 $215 \times 2 = 430$(필)이고, 견은 $215 \times 3 = 645$(필)이다.

상-8-6. 지금 고운 비단 10필 2장 6자를 가지고 심홍색으로 물들이고자 한다. 다만 고운 비단 4자 5치를 내주면 꽃과 바꾸어 물들여서 1장 5자 반을 얻는다고 한다. 내줄 고운 비단과 물들일 고운 비단은 각각 얼마인가? 「1필은 32자다.」

今有羅一十匹二丈六尺 欲染大紅 只云內出羅四尺五寸 換花 染得一丈五尺半 問出羅染羅各幾何「匹法三十二尺」

답 물들인 비단 8필 1장 2자 1치 반
내 준 비단 2필 1장 3자 8치 반

答曰 染羅八匹一丈二尺一寸半
出羅二匹一丈三尺八寸半

해법 지금 가진 고운 비단을 두고 자로 환산해서 아랫수를 더하면 346자를 얻는다. 1장 5자 5치로 곱하여 얻은 5363자를 실로 한다. 내주고 물들일 고운 비단을 합하면 20자를 얻고 법으로 한다. 실을 법으로 나누면 물들이는 비단을 얻는다. 346자에서 빼면 나머지가 곧 내줄 비단이다. 각각을 필법에 따라 묶어주면 문제에 맞는다.

術曰 置今有羅 通尺內子 得三百四十六尺 以一丈五尺五寸乘之 得五千三百六十三尺 爲實 併出染羅 得二十尺 爲法 實如法而一 得染羅 以減三百四十六尺 餘卽出羅 各以匹法約之 合問

• 역자 주해 •

비단 전체 중에서 일부를 물들이는 비용으로 지불하는 경우에 물들인 비단과 비용으로 내 준 비단을 계산하는 문제로, 절변호차의 방법이 그대로 적용된다. 비단 '1장 5자 반 = 15.5자'를 물들이는 데 '1장 5자 반+4자 5치 = 15.5자+4.5자 = 20자'가 필요하다. 이에 따라 비단 20자가 있으면 물들인 비단 15.5자를 얻으므로, 전체 비단 '10필 2장 6자 = 346자'로 물들인 비단 x 자를 얻는다면 다음 비례식이 성립한다.

$$20 : 15.5 = 346 : x$$

따라서 구하는 물들인 비단의 필수는 금유술 또는 이승동제의 방법에 따라 다음과 같다.

$$x = (346 \times 15.5) \div 20 = 5363 \div 20 = 268.15(\text{자}) = (8 \times 32)\text{자 } 12.15\text{자}$$
$$= 8\text{필 } 1\text{장 } 2\text{자 } 1\text{치 } 5\text{푼}$$

한편, 비단 전체에서 물들인 비단을 빼서 다음과 같이 내 준 비단을 구한다.

$$346\text{자} - 268.15\text{자} = 77.85\text{자} = (2 \times 32)\text{자 } 13.85\text{자} = 2\text{필 } 1\text{장 } 3\text{자 } 8\text{치 } 5\text{푼}$$

상-8-7. 지금 어떤 객이 쌀 653섬을 사들이는데 한 말의 값은 128문이다. 수레를 빌려 실어주면 한 말에 운임이 32문인데 쌀로 원가에 의거해서 갚는다. 각각은 얼마인가?

今有客糴米六百五十三碩 㪷價一百二十八文 雇車裝載 每㪷脚錢三十二文 止於米內依元價折還 問各幾何

답 객의 쌀 522섬 4말
운임의 쌀 130섬 6말

答曰 客米五百二十二碩四㪷
脚米一百三十碩六㪷

해법 쌀의 말수를 위에 놓고, 한 말 값으로 곱하여 얻은 835840문을 실로 한다. 한 말 값과 운임을 합하면 모두 160문을 얻고 법으로 한다. 실을 법으로 나누면 객의 쌀을 얻고 반대로 전체 쌀에서 빼면 남은 것이 곧 운임의 쌀이다. 문제에 맞는다.

術曰 列米數於上 以㪷價乘之 得八百三十五貫八百四十文 爲實 併㪷價脚錢 共得一百六十文 爲法 實如法而一 得客米 反減共米 餘卽脚米也 合問

역자 주해

사들인 쌀 중에서 일부를 수레로 운반하는 운임으로 지불하는 경우에 실제로 갖는 쌀과 운임으로 지불한 쌀의 수량을 구하는 문제로, 절변호차의 방법이 그대로 적용된다.

먼저 다음과 같이 사들인 전체 쌀의 값을 계산한다.

653섬 × 128문 / 말 = 6530말 × 128문 / 말 = 835840문

한 말(128문)의 운임이 32문이므로, '128문+32문 = 160문'이 들면 쌀 1말을 가질 수 있다. 그러므로 전체 835840문으로 쌀을 살 때에 x 말을 가질 수 있다면, 드음의 비례식이 성립한다.

$160 : 1 = 835840 : x$

따라서 구하는 객이 가질 수 있는 쌀은 금유술(경률술) 또는 이승동제의 방법에 따라 다음과 같다.

$x = 835840 \div 160 = 5224$(말) = 522섬 4말

한편, 쌀 전체에서 객이 가진 쌀을 빼서, 다음과 같이 운임으로 지불한 쌀을 구한다.

653섬 − 522섬4말 = 130섬 6말

상-8-8. 지금 어떤 사람이 조 889섬 4말 7되 반을 세금으로 내려고 한다. 다만 조 1말은 쌀 6되에 준하고 녹두 8되는 조 1말과 맞먹는다고 한다. 원래 조 1말은 그대로 1말로 낸다. 반드시 세 가지를 똑같이 내야 한다. 각 부문으로 내는 것은 얼마인가?

今有人欲納粟 八百八十九碩四斗七升半 只云每粟一㪷準米六升 綠豆八升折粟一㪷 本粟一㪷止納一㪷 須令三色適等納之 問各停納幾何

답 각 227섬 1말

答曰 各二百二十七碩一㪷

해법 전체 조의 수량을 놓고 쌀 6되를 곱하여 얻은 5336말 8되 5홉을 실로 한다. 2말 3되 5홉을 법으로 해서 실을 법으로 나눈다. 「법

의 수는 각각 6되를 율로 하면 쌀은 조 한 말과 맞먹고 녹두는 조 7되 5홉과 맞먹고 본래 조는 6되이니 세 값을 합하면 모두 2말 3되 반을 얻고 법이 된다.」 문제에 맞는다.

術曰 列共粟 以米六升乘之 得五千三百三十六㪷八升五合 爲實 以二㪷三升五合 爲法 實如法而一「爲法數者 各以六升爲率 米折粟一㪷 豆折粟七升五合 本粟六升 三位併之 共得二㪷三升半 爲法也」合問

• 역자 주해 •

'조 1말 = 쌀 6되 = 녹두 8되'이고 쌀, 녹두, 조를 똑같은 양씩 내어 전체적으로 조로 환산했을 때 '889섬 4말 7되 반 = 88947.5되'를 세금으로 내려고 할 때, 쌀, 녹두, 벼의 양을 구하는 문제이다. 쌀, 녹두, 조를 똑같은 양씩 내므로, 모두 6되씩 낸다고 하면 조로 환산하면 다음과 같다.

조 6되 → 조 6되
쌀 6되 → 조 10되
녹두 6되 → 조 7.5되[3]
계 조 23.5되

이에 따라 세 곡식을 똑같이 내어 조로 환산해서 23.5되의 세금을 내면, 실제 조로는 6되의 세금을 내게 된다. 그러므로 조로 환산해서 전체적으로 88947.5되의 세금을 내면, 실제 조로는 x 되의 세금을 낸다면, 다음 비례식이 성립한다.

---

3) 녹두 8되가 조 10되이므로, 녹두 6되는 조 z되라고 하면 비례식 $8:10=6:z$ 에서 $z=6\times 10\div 8=7.5$이다.

$23.5 : 6 = 88947.5 : x$

따라서 구하는 값은 금유술 또는 이승동제의 방법에 따라 다음과 같다.

$x = (88947.5 \times 6) \div 23.5 = 533685 \div 23.5 = 22710$(되) = 227섬 1말

상-8-9. 지금 순금 50냥을 가지고 8푼 금[4]을 만들려고 한다. 들어가는 은은 얼마인가?

今有足色金五十兩 欲爲八分金 問入銀幾何

답 12냥 5전

答曰 一十二兩五錢

해법 금의 냥수를 놓고 실로 하고 8푼 금을 법으로 해서 나누면 62냥 5전을 얻는다. 50냥에서 빼면 남는 것이 곧 들어가는 은이다. 문제에 맞는다.

術曰 列金數 爲實 以八分爲法 而一 得六十二兩五錢 內減五十兩 餘 卽入銀合問

역자 주해

금 50냥에 은을 넣어 8푼 금을 만들 때, 필요한 은의 양을 구하는 문

4) 순도 80% 금을 말한다.

제이다. 해법에서는 만든 8푼 금 중에 8분 = 0.8이 금 50냥이므로, 다음과 같이 만든 8푼 금의 무게를 구했다.

$50 \div 0.8 = 62.5$(냥)

이는 8푼 금의 경우 전체 10 중에 8이 금이므로 전체 x 냥 중에 50냥이 금일 때 성립하는 다음 비례식을 푼 것과 같다.

$x = 50 \times 10 \div 8 = 50 \div (8 \div 10) = 50 \div 0.8 = 62.5$

따라서 들어가는 은의 양은 다음과 같다.

$62.5 - 50 = 12.5$(냥)

상-8-10. 지금 은 12냥 5전과 순금 50냥을 가지고 합해서 함께 제련하였다. 색으로 푼수는 얼마인가?

今有銀一十二兩五錢 足色金五十兩 併而同煉 問爲顔色分數幾何

답 8푼 금

答曰 八分金

해법 금 50냥을 놓고 실로 한다. 금과 은을 합하면 62냥 5전을 얻고 법으로 해서 실을 법으로 나누면 문제에 맞는다.

術曰 列金五十兩 爲實 併金銀 得六十二兩五錢 爲法 實如法而一 合問

이는 문제 ≪상-8-9≫의 역으로, 해법은 다음과 같이 금의 순도(농도)를 구하는 다음 공식을 이용한다.

$$\frac{(\text{금의 무게})}{(\text{금의 무게})+(\text{은의 무게})}=\frac{50}{50+12.5}=\frac{50}{62.5}=0.8$$

따라서 만든 금은 8푼 금이다.

상-8-11. 지금 실 62근 반을 가지고 금 10냥과 바꾸었다. 그 안에 8푼 반 금이 5냥이고 7푼 반 금이 5냥이다. 두 가지 금 한 냥은 실로 치면 얼마인가?

今有絲六十二斤半 換金一十兩 內八分半金五兩 七分半金五兩 問二色金每兩直絲幾何

답 8푼 반 금은 실 6근 10냥 2전 5푼
7푼 반 금은 실 5근 13냥 7전 5푼

答曰 八分半直六斤一十兩二錢五分
七分半直五斤一十三兩七錢五分

해법 실을 놓고 냥으로 환산해서 실로 한다. 5냥을 놓고 8푼 반을 곱하고 또 5냥을 놓고 7푼 반을 곱해서 얻은 수들을 합하면 8냥을 얻는다. 「이는 바로 10푼 금의 수이다.」 이를 법으로 해서 실을 법으로 나누면 125를 얻는다. 「이는 한 냥 금의 실의 수이다.」 그 다음에 위에 두고 8푼 반을 곱하고 아래 7푼 반을 곱한다. 각각을 근율로 묶으면 문제에 맞는다.

術曰 置絲 通兩 爲實 列五兩 以八分半乘之 又列五兩 以七分半乘之 得數 併之 得八兩「乃是十分金數」爲法 實如法而一 得一百二十五兩「乃一兩金之絲數也」副置上以八分半乘之 下以七分半乘之 又各以斤率約之 合問

역자 주해

해법에서는, 먼저 10푼 금 한 냥 값을 실(絲)로 나타내고 있다. 이를 위해, 주어진 실의 수량을 다음과 같이 단위 냥으로 나타낸다.

62근 반 = (62 × 16)냥 8냥 = 992냥 8냥 = 1000냥

그리고 8푼 반 금 5냥과 7푼 반 금 5냥을 다음과 같이 10푼 금의 수량으로 바꾼다.

8푼 반 금 : 5 × 0.85 = 4.25(냥)
7푼 반 금 : 5 × 0.75 = 3.75(냥)
10 푼 금 : 4.25+3.75 = 8(냥)

그러므로 10푼 금 한 냥의 값은 실(絲)로 다음과 같다.

1000 ÷ 8 = 125(냥)

따라서 8푼 반 금과 7푼 반 금의 한 냥 값은 다음과 같다.

8푼 반 금 : 125 × 0.85 = 106.25(냥) = 96냥 10.25냥 = 6근 10냥 2전 5푼
7푼 반 금 : 125 × 0.75 = 93.75(냥) = 80냥 13.75냥 = 5근 13냥 7전 5푼

상-8-12. 지금 벼 19섬 6말 8홉을 가지고 애 찧은 쌀과 찧은 쌀 두 가지 쌀을 만들고자 한다. 애 찧은 쌀 8되에 벼 1말이 들고 찧은 쌀 5되 1홉 2작에 벼 1말이 든다. 반드시 애 찧은 쌀은 찧은 쌀의 수의 두 배로 해야 한다. 각각은 얼마인가?

今有粟一十九碩六蚪八合 欲爲糙細二米 糙米八升用粟一蚪 細米五升一合二勺用粟一蚪 須令糙米倍之細米之數 問各幾何

답 찧은 쌀 4섬 4말 3홉 2작
애 찧은 쌀 8섬 8말 6홉 4작

答曰 細米 四碩四蚪三合二勺
糙米 八碩八蚪六合四勺

해법 벼의 수량을 놓고 5되 1홉 2작을 곱하여 얻은 100말 3되 9홉 2작 9초 6촬을 실로 한다. 2말 2되 8홉을 법으로 해서 실을 법으로 나눈다.「법의 수는 각각 5되 1홉 2작을 (기준)율로 하면 찧은 쌀 한 몫은 벼 한 말과 맞먹고 애 찧은 쌀 두 몫은 벼 한 말 2되 8홉과 맞먹는다. 두 자리를 모두 합하여 얻은 2말 2되 8홉을 법으로 한다.」 찧은 쌀을 얻고 두 배하면 애 찧은 쌀이 된다. 문제에 맞는다.

術曰 列粟數 以五升一合二勺乘之 得一百蚪三升九合二勺九抄六撮爲實 以二蚪二升八合爲法 實如法而一「爲法之數 各以五升一合二勺爲率 細米一停折粟一蚪 糙米二停折粟一蚪二升八合 二位併之 共得二蚪二升八合 爲法也」得細米數 倍之 爲糙米 合問

위의 해법은 다음과 같다. 찧은 쌀 5.12되는 벼 10되, 그 2배인 애 찧은 쌀 10.24되는 벼 $10.24 \times 10 \div 8 = 12.8$(되)에 해당한다.[5] 이에 따라 벼 10되+12.8되 = 22.8되에서 찧은 쌀 5.12되를 얻으므로, 쌀 전체 '19섬 6말 8홉 = 1960.8되'에서 찧은 쌀을 x 되 얻는다면, 다음 비례식이 성립한다.

$$22.8 : 5.12 = 1960.8 : x$$

따라서 구하는 찧은 쌀은 금유술 또는 이승동제의 방법에 따라 다음과 같다.

$$x = (1960.8 \times 5.12) \div 22.8 = 10039.296 \div 22.8 = 440.32(\text{되})$$
$$= 4\text{섬 } 4\text{말 } 3\text{홉 } 2\text{작}$$

애 찧은 쌀은 이것의 2배이므로, 8섬 8말 6홉 4작이다.

상-8-13. 지금 소금 5700인[6]을 가지고, 큰 배 하나면 작은 배 둘에 싣고자 한다. 다만 큰 배 3척에는 500인을 싣고 작은 배 4척에는 300인을 싣는다고 한다. 각각은 얼마인가?

今有鹽五千七百引 欲令大船一停小船二停載之 只云大船三隻載五百引 小船四隻載三百引 問各幾何

5) 애 찧은 쌀 8되는 벼 10되에 해당하므로, 애찧은 쌀 10.24되는 벼 z 되에 해당한면 $8 : 10 = 10.24 : z$ 가 성립한다.

답 큰 배 18척
작은 배 36척

答曰 大船一十八隻
小船三十六隻

해법 3척과 4척을 왼쪽 줄에 500과 300을 오른쪽 줄에 놓는다. 위와 아래를 엇갈려 곱한다. 「오른쪽 위는 2000을 얻고, 오른쪽 아래를 두 배하면 1800을 얻는다.」 두 자리를 합하여 얻은 3800을 법으로 한다. 왼쪽 줄 분모를 서로 곱하면 12를 얻고 5700으로 곱하여 얻은 68400을 실로 한다. 실을 법으로 나누면 큰 배를 얻고 두 배하면 곧 작은 배를 얻는다. 문제에 맞는다.

```
3척 500               → 2000
  ⤨
4척 300  →  900   →   1800
             ×2
↓                     3800
12
```

術曰 列三隻四隻於左行 五百三百於右行 母互乘子 「右上 得二千 右下倍之 得一千八百」 二位併之 得三千八百 爲法 左行分母相乘 得一十二 以乘五千七百引 得六萬八千四百 爲實 實如法而一 得大船 倍之 卽小船 合問

• 역자 주해 •

주어진 소금을 큰 배와 작은 배에 나누어 싣는데, 작은 배의 수가 큰 배의 갑절일 때 큰 배와 작은 배의 수를 구하는 문제이다. 왕감의 설명을 참고하면 해법은 다음과 같다. 큰 배 3척에는 소금 500인을 실으므로,

6) 인(引)은 10장에 해당하는 길이의 단위이기도 하고 무게를 나타내는 단위로도 쓰인 경우에는 405근을 말한다. 또는 400근이다.

큰 배 12척에는 소금 2000인을 싣는다. 그리고 작은 배 24척에는 소금 1800인을 싣는다. 이에 따라 3800인의 소금을 싣기 위해서는 큰 배 12척이 필요하므로, 전체의 소금 5800인을 싣기 위해 큰 배 x척이 필요하다면 다음 비례식이 성립한다.

$$3800 : 12 = 5700 : x$$

따라서 구하는 큰 배의 척수는 금유술 또는 이승동제의 방법에 따라 다음과 같다.

$$x = (5700 \times 12) \div 3800 = 18(\text{척})$$

그리고 작은 배는 $18 \times 2 = 36$(척)이다.

상-8-14. 지금 기마병 일곱 사람이 있으면 퇴당[7]으로 비단 2필 2장을 주고 보병 여섯 사람에게 반오[8]로 비단 4필 3장 2자를 준다. 지금 모두 비단 6622필 4자를 가지고 똑같은 수의 기마병과 보병에게 나누어주고자 한다. 각각 얼마인가? 「한 필은 38자다.」

今有馬軍七人給腿裙絹二匹二丈　步軍六人給胖襖絹四匹三丈二尺 今共有絹六千六百二十二匹四尺 欲給馬步軍人適等 問各幾何「匹法三十八尺」

답　각 5670명

7) 裙은 치마와 같이 아래 입는 옷이다. 腿裙은 말을 탈 때 편리한 군복이다.
8) 襖은 위에 입는 옷이다. 胖襖는 화살과 창을 막는 군복이다.

答曰 各五千六百七十人

해법 먼저 일곱 사람을 왼쪽 위에, 여섯 사람을 왼쪽 아래에 놓는다. 또 96자를 오른쪽 위에 184를 오른쪽 아래에 놓는다. 왼쪽 줄을 오른쪽 줄과 서로 엇갈려 곱하면, 오른쪽 위는 576을 얻고 오른쪽 아래는 1288을 얻는다. 두 자리를 합하여 얻은 1864를 실로 한다. 오른쪽 분모를 서로 곱하면 나란히 42를 얻는다. 「이는 바로 기마병 42사람이 퇴당으로 비단 576자를 얻고 보병 42사람이 반오로 비단 1288자를 얻는 것이다.」 비단 6622필을 놓고 38로 곱해서 얻은 수에 4자를 덧붙이면 모두 251640자를 얻는다. 분모 42를 그것에 곱하면 10568880을 얻고 실로 한다. 1864를 법으로 해서 실을 법으로 나누면 5670사람을 얻는다. 문제에 맞는다.

7인	96	→	576
⤨			
6척	184	→	1288
↓			1864
42			

術曰 先列七人於左上 六人於左下 又列九十六尺於右上 一百八十四尺於右下 以左行互乘右行 右上得五百七十六 右下得一千二百八十八 二位併 得一千八百六十四 爲法 左行分母相乘 得齊四十二 「乃是馬軍四十二人得腿裙絹五百七十六尺 步軍四十二人得胖襖絹一千二百八十八尺」 列絹六千六百二十二匹 以三十八乘之 得數搭入四尺 共得二十五萬一千六百四十尺 以分母四十二乘之 得一千五十六萬八千八百八十 爲實 以一千八百六十四爲法 實如法而一 各得五千六百七十人 合問

• 역자 주해 •

비단 6622필 4자(=251640자)를 기마병 6명마다 2필 2장(=96자)씩, 보병

7명마다 4필 3장 2자(=184자)씩 배급할 때, 그 수가 서로 같은 기마병과 보병의 수를 구하는 문제이다. 왕감의 설명을 참조하면 해법의 풀이 과정은 다음과 같다. 기마병 42(=6×7)명마다 비단 576자를 주고 보병 42명마다 1288자를 주므로, 비단 1864자를 각 병 42명에게 배급한다. 그러므로 251640자를 각 병 x명에게 배급한다면 다음 비례식이 성립한다.

$$1864 : 42 = 251640 : x$$

따라서 구하는 각 병의 수는 금유술 또는 이승동제의 방법에 따라 다음과 같다.

$$x = (251640 \times 42) \div 1864 = 10568880 \div 1864 = 5670(\text{명})$$

상-8-15. 지금 양곡 1만 3477섬 $1\frac{1}{3}$말을 가지고 군인들에게 나누어주고자 한다. 다만 기마병 여섯 사람에게 53말, 수병 일곱 사람에게 54말, 보병 아홉 사람에게 55말을 나누어주는데 기마병은 수병에 비해 중반($\frac{1}{2}$)이고 보병은 기마병에 비해 태반($\frac{2}{3}$)이 많다고 한다. 세 종류의 군인과 양곡은 각각 얼마인가?

今有粮一萬三千四百七十七碩一斟三分斟之一 欲給軍人 只云馬軍六人給五十三斟 水軍七人給五十四斟 步軍九人給五十五斟 其馬如水中半 步多如馬太半 問三色軍及粮各幾何

답 기마병 3164명 양곡 2794섬 $8\frac{2}{3}$말
수병 6328명 양곡 4881섬 6말
보병 9492명 양곡 5800섬 $6\frac{2}{3}$말

答曰 馬軍三千一百六十四人 粮二千七百九十四碩八斗三分斗之二
水軍六千三百二十八人 粮四千八百八十一碩六斗
步軍九千四百九十二人 粮五千八百空空碩六斗三分斗之二

해법 여섯 사람, 일곱 사람, 아홉 사람을 왼쪽 줄에 놓고 53말, 54말, 55말을 오른쪽 줄에 놓는다. 왼쪽 줄을 오른쪽 줄과 서로 곱하면 모두 왼쪽 위는 3339를 얻고 왼쪽 가운데를 두 배하면 5832를 얻고 왼쪽 아래에 3을 곱하면 6930을 얻는다. 모두 합하고 또 3을 곱하면 48303을 얻고 법으로 한다. 왼쪽 줄을 서로 곱하면 378을 얻는다. 전체 양곡을 놓고 통분해서 분자를 더하고 378을 곱하여 얻은 152830692를 실로 한다. 48303을 법으로 해서 실을 법으로 나누면 기마병을 얻는다. 두 배하면 수병을 얻고 세 배하면 곧 보병이다. 각각의 양곡을 구하는 것은 세 종류의 군인 수를 놓고 각각 본래 종류에 따라 주는 양곡으로 곱해서 실로 하고 각 군의 (기준)율로 나눈다. 문제에 맞는다.

6인	53			→ 3339
7인	54	→	2916	→ 5832
			×2	
9인	55	→	2310	→ 6930
			×3	
↓				16101
			×3	
378				48303

術曰 列六人七人九人於左行 五十三𣁾五十四𣁾五十五𣁾於右行 左行互乘右行 訖左上得三千三百三十九 倍左中 得五千八百三十二 三因左下 得六千九百三十 共併 又三因之 得四萬八千三百三 爲法 左行相乘 得三百七十八 列共粮 通分 內子 以三百七

十八乘之 得一億五千二百八十三萬六百九十二 爲實 以四萬八千三百三 爲法 實如法而一 得馬軍 倍之 爲水軍 三之 卽步軍也 求各粮者 列三色軍數 各以本色給粮乘之 爲實 以各軍率除之 合問

• 역자 주해 •

식량 $134771\frac{1}{3}(=\frac{404314}{3})$말을 기마병 6명에게 53말, 수군 7명에게 54말, 보병 9인에게 55말씩 배급하는데, 세 군의 수가 차례로 1 : 2 : 3일 때 각 군의 수 및 각 군에 배급된 식량의 수량을 구하는 문제이다. 왕감의 설명을 참조하면 해법의 풀이 과정은 다음과 같다. 기마병 378(= 6 × 7 × 9)명마다 양곡 3339(= 53 × 7 × 9)말을 주고, 수병 756(= 378 × 2)명마다 양곡 5832(= 54 × 6 × 9 × 2)말을 주며, 보병 1134(= 378 × 3)명마다 양곡 6930(= 55 × 6 × 7 × 3)말을 주므로, 양곡 16101(= 3339+5832+6930)말을 주면 378명의 기마병이 해당하는 배급을 받는다. 그러므로 $\frac{404314}{3}$말은 주면 기마병 x명이 해당하는 배급을 받는다면 다음 비례식이 성립한다.

$$16101 : 378 = \frac{404314}{3} : x$$

따라서 구하는 기마병의 수는 금유술 또는 이승동제의 방법에 따라 다음과 같다.

$$x = (\frac{404314}{3} \times 378) \div 16101 = (404314 \times 378) \div (16101 \times 3)$$

$$= 152830692 \div 48303 = 3164(\text{명})$$

이제, 각 병의 수와 배급받는 양곡의 수량을 다음과 같이 구한다.

기마병 : 3164(명)

양곡 : $53 \times \frac{3164}{6} = 27948\frac{2}{3}$(말) $= 2794$섬 $8\frac{2}{3}$말

수군 : $3164 \times 2 = 6328$(명)

식량 : $54 \times \frac{6328}{7} = 48816$(말) $= 4881$섬 6말

보군 : $3164 \times 3 = 9492$(명)

식량 : $55 \times \frac{9492}{9} = 58006\frac{2}{3}$(말) $= 5800$섬 $6\frac{2}{3}$말

참고 문헌

경선징 저, 유인영 · 허민 역(2006), 『묵사집산법 천』, 교우사.

김병덕(1999), 「우리 나라 명수법에 관한 소고(II)」, 『한국수학사학회지』 제12권 제1호, 53~64면.

김병덕(1999), 「우리 나라 명수법에 관한 소고(III)」, 『한국수학사학회지』 제12권 제2호, 55~62면.

김순식(1967), 『상업 일반[제2차 교육 과정]』, 장왕사.

김용운 · 김용국(1982), 『한국수학사』, 열화당.

김용운 · 김용국(1996), 『중국수학사』, 대우학술총서 · 자연과학 109, 민음사.

남권희(1998), 「庚午字本 ≪新編算學啓蒙≫과 諸版本 硏究」, 『書誌學硏究』 제16집, 335~360면.

서정웅(1971), 『새로운 주산교본』, 문천사.

서정웅(1990), 『상업 계산[제5차 교육 과정]』, 문호사.

양휘 저, 차종천 역(2006), 『양휘산법』, 동양수학대계 V, 교우사.

이상혁 저, 홍성사 역(2006), 『익산 상편』, 교우사.

조경하 · 김유송 · 홍봉선 · 전인재(1978), 『새 상업 계산[제3차 교육 과정, 1973.2.1 문교부 검정]』, 국정 교과서 주식회사.

차종천 편(2006), 『산경십서 하』, 동양수학대계 II, 교우사.

최석정 저, 정해남 · 허민 역(2006), 『구수략 건 · 곤』, 교우사.

허민(2005), 「산대셈과 수판셈」, 『한국수학사학회지』 제18권 제1호, 49~66면.

홍대용 저, 김동기 역(1974), 『주해수용』, 국역 담헌서 III(외집 4, 5, 6권), 고전국역총서 75, 민족문화추진회.

황윤석 저, 강신원 · 장혜원 역(2006), 『산학입문』, 이수신편 제21, 22권, 교우사.

孔國平(2000), 『李冶朱世杰与金元數學』, 河北科學技術出版社.

李儼 · 杜石然 저, J.N. Crossley · A.W.-C. Lun 역(1987), 『中國 數學 / *Chinese Mathematics - A concise history*』, Clarendon Press.

張欽梁 · 連黛玉 · 黃靖智(1994), 『Knowing Abacus 珠算知多少』, 國際珠算聯合會 · 精英培訓中心.

靖玉樹 編勘(1994), 『中國歷代算學集成 上』, 山東 人民 出版社, 濟南.

Eves, H. 저, 허민 · 오혜영 역(2003), 『수학의 위대한 순간들』 개정판, 경문사.
Needham, J.(1959), *Science and Civilisation in China* Vol. 3 (Mathematics and the Sciences of the Heavens and the Earth), Cambridge Univ. Press.
Kangshen, S. · Crossley, J.N. · Lun, A.W.-C. Lun(1999), *The Nine Chapters on the Mathematical Art*, Oxford University.
Mitsuo Morimoto(2003), "A Chines Root of Japanese Traditional Mathe- matics - Wasan," *Science Research Reports* SRR# GS-0305, Internation- al Christian University.
Mitsuo Morimoto(2003), "On the Great Commentary on the Introduction to Mathematics," *Science Research Reports* SRR# GS-0401, International Christian University.
Smith, D.E.(1958), *History of Mathematics* Vol. II, Dover Pub. Inc.